普通高等教育"十四五"规划教材

冶金工业出版社

机械创新设计与制作

Innovative Design and Production of Machinery

主　编　路玉峰　王宝林　李春玲
副主编　衣明东　薛云娜

北　京

冶金工业出版社

2023

内 容 提 要

本书以培养大学生创新实践能力为目的，以理论—方法—实践为主线，阐述了创新理论与技法。本书重点介绍了机械产品创新设计的方法与原则，同时对机电融合创新设计进行了阐述，并基于教育机器人创新平台详细讲述了机械产品的创新设计与制作，促进创新理论在机械产品设计中的实践，以提高大学生的创新实践能力。最后，介绍了创新作品后续工作中的专利保护及应用。

本书可作为高等学校机械工程等专业本科生或研究生教材，也可供相关领域的科技人员参考。

图书在版编目（CIP）数据

机械创新设计与制作／路玉峰，王宝林，李春玲主编 . —北京：冶金工业出版社，2022.10（2023.2 重印）

普通高等教育"十四五"规划教材

ISBN 978-7-5024-9287-8

Ⅰ.①机… Ⅱ.①路… ②王… ③李… Ⅲ.①机械设计—高等学校—教材 ②机械制造工艺—高等学校—教材 Ⅳ.①TH122 ②TH16

中国版本图书馆 CIP 数据核字（2022）第 176900 号

机械创新设计与制作

出版发行	冶金工业出版社	电　话	（010）64027926
地　址	北京市东城区嵩祝院北巷 39 号	邮　编	100009
网　址	www.mip1953.com	电子信箱	service@ mip1953.com

责任编辑　任咏玉　美术编辑　彭子赫　版式设计　郑小利
责任校对　窦　唯　责任印制　窦　唯
三河市双峰印刷装订有限公司印刷
2022 年 10 月第 1 版，2023 年 2 月第 2 次印刷
787mm×1092mm　1/16；9 印张；218 千字；134 页
定价 39.00 元

投稿电话　（010）64027932　投稿信箱　tougao@cnmip.com.cn
营销中心电话　（010）64044283
冶金工业出版社天猫旗舰店　yjgycbs.tmall.com
（本书如有印装质量问题，本社营销中心负责退换）

前　言

人才的创新精神与创新能力对国民经济的发展具有重要作用，是我国经济实现跨越式发展，缩小与世界发达国家差距的关键因素。如果掌握一定的创新方法与技能，可以使创新工作者在开发过程中达到事半功倍的效果。起源于苏联的 TRIZ 理论，包含了一套具有完整理论体系的创新方法，在发明创新中具有强大的指导作用。

TRIZ 理论与工业联系密切，机械创新设计是工业创新的一部分。机械创新设计的目的是设计出新颖、富有创造性和实用性的新产品。创新的理论与方法只有与机械专业知识结合，才能更好地进行机械创新设计。本书介绍了 TRIZ 理论的基本知识及其 40 个经典的创新原理，还介绍了机械机构的基本知识及创新设计相关理论与方法，以期对学生后续的创新设计与实践提供理论指导。

为便于学生创新思想的实现，创新实践平台提供了最佳的载体，学生只需要掌握相关零件的特点，熟悉组装和搭建的规则，就可以利用各种现有构件，搭建各种创新模型。另外，借助与之相配套的软件平台，掌握相关的编程原理和技巧，按照功能要求编写出相应的控制程序，就能够实现机械产品运动的控制。本书通过案例介绍，展现创新实践平台的软硬件，以期有利于学生在创新实践训练中体会创新成果实现的快乐。

将机械创新的想法进行设计制作只是完成创新工作的第一步，为了让创新思想应用到实际并推动社会发展，还需要完成很多后续的工作。比如进行专利申请，将创新成果进行保护；参加科技竞赛，将创新成果进行展示，让更多的人了解相应的创新工作，便于推广应用；还可以利用相关产品进行创业，建立以相关创新产品开发的公司。本书在这方面进行简单介绍，以期对学生的成果保护、转化提供指导。

本书由齐鲁工业大学教师编写：第 1、6 章由路玉峰编写，第 2 章由王宝林与衣明东共同编写，第 3 章由王宝林与薛云娜共同编写，第 4 章由李春玲与路玉峰共同编写，第 5 章由李春玲编写。本书的编写吸收了部分齐鲁工业大学创新设计与制作教学团队的成果、经验，在此对团队所有成员表示感谢。本书参考或引用了有关实践案例，在此对相关作者及指导教师表示感谢。同时感谢北京中教仪人工智能科技有限公司提供的创新平台资料，感谢齐鲁工业大学江克营提出的创业指导建议，感谢齐鲁工业大学陈照强教授为本书提出的修改意见。本书是在齐鲁工业大学教材建设基金资助下完成的，同时还获得齐鲁工业大学教研项目"基于创新实践的大学生精益创业模式研究（2020zd10)"的支持。

　　由于作者水平所限，书中疏漏和不妥之处，敬请广大读者批评指正。

作　者

2022 年 7 月

目　　录

1 创新设计理论及方法

创新是人类社会文明进步的原动力，人类社会的每一点进步都是创新的产物。人类通过创新，创造了生产工具，创立了现代的生产方式，提高了生产能力，增强了人类按照自然规律适应自然、改造自然的能力，使人类在自然界中获得了更大的自由。创造是一种有目的的探索活动，它需要一定的理论指导。创造原理是人们进行无数次创造实践的理性归纳，也是指导人们开展新的创造实践的基本法则。

1.1 TRIZ 理论基本概念

目前，TRIZ 理论被认为是可以帮助人们挖掘和开发自己的创造潜能、最全面系统地论述发明创造和实现技术创新的新理论，被欧美等地的专家认为是"超级发明术"。一些创造学专家甚至认为，理论 TRIZ 是发明了发明与创新的方法，是 20 世纪最伟大的发明。

TRIZ 理论是苏联科学家阿奇舒勒（G. S. Altshuller）在 1946 年创立的，阿奇舒勒也被尊称为 TRIZ 之父。20 世纪 80 年代中期前，该理论对其他国家保密，80 年代中期，随着一批科学家移居美国等西方国家，该理论逐渐被介绍给世界产品开发领域，并对该领域产生了重要的影响。

创新从最通俗的意义上讲就是创造性地发现问题和创造性地解决问题的过程，TRIZ理论的强大作用正在于它为人们创造性地发现问题和解决问题提供了系统的理论和方法工具。

阿奇舒勒研究发现，技术系统进化过程不是随机的，是有客观规律可遵循的，这种规律在不同领域中反复出现。基于这一观点，现代 TRIZ 理论的核心思想可归纳为 3 个要点：（1）无论是一个简单产品还是复杂的技术系统，其核心技术的发展都是遵循着客观的规律发展演变的，即具有客观的进化规律和模式；（2）各种技术难题、冲突和矛盾的不断解决是推动这种进化过程的动力；（3）技术系统发展的理想状态是用尽量少的资源实现尽量多的功能。

TRIZ 的理论体系庞大，包括了诸多内容，而且还在不断发展完善中。从目前来看，TRIZ 的主要内容有两大部分：一是 TRIZ 的基本理论体系；二是 TRIZ 的解题工具体系。可以将其归纳为以下 6 个方面的内容：

（1）创新思维方法与问题分析方法。TRIZ 理论中提供了如何系统分析问题的科学方法，如多屏幕法等；而对于复杂问题的分析，则包含了科学的问题分析建模方法——物-场分析法，它可以帮助快速确认核心问题，发现根本矛盾所在。

（2）技术系统进化法则。针对技术系统进化演变规律，在大量专利分析的基础上，TRIZ 理论总结提炼出八个基本进化法则。利用这些进化法则，可以分析确认当前产品的技术状态，并预测未来发展趋势，开发富有竞争力的新产品。

（3）技术矛盾解决原理。不同的发明创造往往遵循共同的规律。TRIZ 理论将这些共同的规律归纳成 40 个创新原理，针对具体的技术矛盾，可以基于这些创新原理、结合工程实际寻求具体的解决方案。

（4）创新问题标准解法。针对具体问题的物–场模型的不同特征，分别对应有标准的模型处理方法，包括模型的修整、转换、物质与场的添加等等。

（5）发明问题解决算法。主要针对问题情境复杂，矛盾及其相关部件不明确的技术系统。它是一个对初始问题进行一系列变形及再定义等非计算性的逻辑过程，实现对问题的逐步深入分析，问题转化，直至问题的解决。

（6）基于物理、化学、几何学等工程学原理而构建的知识库。基于物理、化学、几何学等领域的数百万项发明专利的分析结果而构建的知识库可以为技术创新提供丰富的方案来源。

TRIZ 理论的基本内容体系如图 1-1 所示。

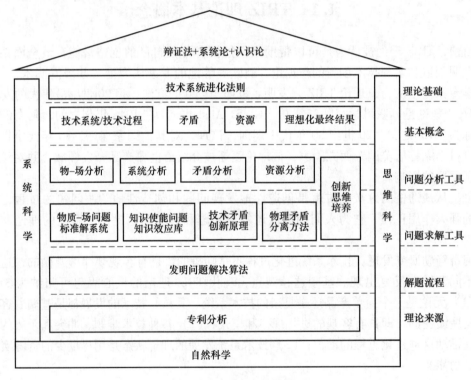

图 1-1　TRIZ 基本内容体系

1.2　TRIZ 理论的 40 个创新原理

TRIZ 理论是建立在普遍性原理之上的，不是针对某个特定的创新问题，而是要建立解决问题的模型并指明问题解决的方向，TRIZ 理论的原理和工具不局限于特定的应用领域。TRIZ 理论广泛应用于工程技术领域，并且应用范围越来越广。目前已逐步向其他领域渗透和扩展，由原来擅长的工程技术领域分别向自然科学、社会科学、管理科学、生物科学等领域发展。现在已总结出了 40 条发明创造原理在工业、建筑、微电子、化学、生物学、社会学、医疗、食品、商业、教育应用的案例，用于指导解决各领域中遇到的问题。TRIZ 理论可以启迪思路，引导新的创造。40 条发明创造原理如表 1-1 所示。

表 1-1　发明创造原理

序号	发明制造原理	解析	示例
1	分割	（1）把一个物体分成相互独立的部分； （2）把物体分成容易组装和拆卸的部分； （3）提高物体的可分性	组合音响，组合式家具，模块化计算机组件，可折叠木尺，活动的百叶窗帘；花园里浇水的软管可以接起来以增加长度；为不同材料的再回收设置不同的回收箱
2	提炼	（1）从物体中提炼产生负面影响（即干扰）的部分或属性； （2）从物体中提炼必要的部分或属性	为了在机场驱鸟，使用录音机来放鸟的叫声；避雷针；用光纤分离主光源，增加照明点
3	改变局部	（1）将均匀的物体结构、外部环境或作用改变为不均匀的； （2）让物体不同的部分承担不同的功能； （3）使物体的每个部分处于各自动作的最佳位置	将恒定的系统温度、湿度等改为变化的；带橡皮头的铅笔；瑞士军刀；多格餐盒；带起钉器的榔头
4	不对称	（1）将对称物体变为不对称； （2）已经是不对称的物体，增强其不对称的程度	电源插头的接地线与其他线的几何形状不同；为改善密封性，将 O 型密封圈的截面由圆形改为椭圆形；为抵抗外来冲击，使轮胎一侧强度大于另一侧
5	组合	（1）在空间上将相同或相近的物体或操作加以组合； （2）在时间上将相关的物体或操作合并	并行计算机的多个 CPU；冷热水混水器
6	多用性	使物体具有复合功能以替代其他物体的功能	工具车的后排座可以坐，靠背放倒后可以躺，折叠起来可以装货
7	嵌套	（1）把一个物体嵌入第二个物体，然后将这两个物体再嵌入第三个物体； （2）让一个物体穿过另一个物体的空腔	椅子可以一个个折叠起来以利于存放；活动铅笔里存放笔芯；伸缩式天线
8	重量补偿	（1）将某一物体与另一能提供上升力的物体组合，以补偿其重量； （2）通过与环境的相互作用（利用空气动力、流体动力、浮力等）实现重要补偿	用氢气球悬挂广告条幅；赛车上增加后翼以增大车辆的贴地力；船舶在水中的浮力
9	预先反作用	（1）预先施加反作用力，用来清除不利影响； （2）如果一个物体处于或将处于受拉伸状态，预先施加压力	给树木刷渗透漆以阻止腐烂；预应力混凝土；预应力轴

序号	发明制造原理	解析	示例
10	预先作用	（1）预置必要的动作、功能； （2）把物体预先放置在一个合适的位置，以让其能及时地发挥作用而不浪费时间	不干胶粘贴；建筑通道里安置的灭火器；机床上使用的莫氏锥柄，方便安装和拆卸
11	预防	采用预先准备好的应急措施补偿系统，以提高其可靠性	商品上加上磁性条来防盗；备用降落伞；汽车安全气囊
12	等势	在势场内避免位置的改变，如在重力场内，改变物体的工况，减少物体上升或下降的需要	汽车维修工人利用维护槽更换机油；可免用起重设备
13	逆向作用	（1）用与原来相反的动作达到相同的目的； （2）让物体可动部分不动，而让不动部分可动； （3）让物体（或过程）倒过来	采用冷却内层而不是加热外层的方法使嵌套的两个物体分开；跑步机；研磨工作时振动工件
14	曲面化	（1）用曲线或曲面替换直线或平面，用球体替代立方体； （2）使用圆柱体、球体或螺旋体； （3）利用离心力，用旋转运动来代替直线运动	两个表面之间的圆角；计算机鼠标用一个球体来传输 x 和 y 两个轴方向的运动；洗衣机甩干
15	动态化	（1）在物体变化的每个阶段，让物体或其环境自动调整到最佳状态； （2）把物体的结构分成既可变化又可相互配合的若干组成部分； （3）使不动的物体可动或自适应	记忆合金；可以灵活转动灯头的手电筒、折叠椅；可弯曲的饮水吸管
16	近似化	如果效果不能 100% 达到，稍微超过或小于预期效果会使问题简化	要让金属粉末均匀的充满一个容器，可将一系列漏斗排列在一起以达到近似均匀的效果
17	多维化	（1）将一维变为多维； （2）将单层变为多层； （3）将物体倾斜或侧向放置； （4）利用给定表面的反面	螺旋楼梯；多碟 CD 机；自动卸载车斗；电路板双面安装电子器件
18	机械振动	（1）使物体振动； （2）提高振动频率，甚至达到超声区； （3）利用共振现象； （4）用压电振动代替机械振动； （5）超声振动和电磁场耦合	通过振动铸模来提高填充效果和零件质量；超声波清洗；超声"刀"代替手术刀；石英钟；振动传输带

序号	发明制造原理	解析	示例
19	周期性作用	（1）变持续性作用为周期性（脉冲）作用； （2）如果作用已经是周期性的，可改变其频率； （3）在脉冲中嵌套其他作用以达到其他效果	冲击钻；用冲击扳手拧松一个锈蚀的螺母时，要用脉冲力而不是持续力；脉冲闪烁报警灯比其他方式效果更佳
20	利用有效作用	（1）对一个物体所有部分施加持续有效的作用； （2）消除空闲和间歇性作用	带有切削刃的钻头可以进行正反向的切削；打印机打印头在来回运动时都打印
21	减小有害作用	采取特殊措施，减小有害作用	在切断管壁很薄的塑料管时，为防止塑料管变形就要使用极高速运动的切割刀具，在塑料管未变形之前完成切割
22	变害为利	（1）利用有害因素，得到有利的结果； （2）将有害因素相结合，消除有害结果； （3）增大有害因素的幅度直至有害性消失	废物回收利用；用高频电流加热金属时，只有外层金属被加热，可用作表面热处理；风力灭火机
23	反馈	（1）引入反馈； （2）若已有反馈，改变其大小和作用	闭环自动控制系统；改变系统的灵敏度
24	中介物	（1）使用中介物实现所需动作； （2）临时将物体和一个易于去除的物体结合	机加工钻孔时用于为钻头定位的导套；在化学反应中加入催化剂
25	自服务	（1）使物体具有自补充和自恢复功能； （2）利用废弃物和剩余能量	电焊枪使用时的焊条自动进给；利用发电厂废气蒸汽取暖
26	复制	（1）使用简单、廉价的复制品来代替复杂、昂贵、易损、不易获得的物体； （2）用图像代替物体，并可进行放大和缩小； （3）用红外光或紫外光替换可见光	模拟汽车、飞机驾驶训练装置；测量高的物体时，可以用测量其影子的方法；红外夜视仪
27	廉价替代	用廉价、可丢弃的物体替换昂贵的物体	一次性餐具；一次性打火机
28	替代机械系统	（1）用声学、光学、嗅觉系统替换机械系统； （2）使用与物体作用的电场、磁场或电磁场； （3）用动态场替代静态场，用确定场替代随机场； （4）利用铁磁粒子和作用场	机、光、电一体化系统；电磁门禁；磁流体

序号	发明制造原理	解析	示例
29	用气体或液体	用气体或液体替换物体的固体部分	在运输易碎产品时，使用充气包装材料；车辆液压悬挂
30	柔性壳体或薄片	（1）用柔性壳体或薄片替代传统结构； （2）用柔性壳体或薄片把物体从其环境中隔开	为防止水从植物的叶片上蒸发，在叶片上喷涂聚乙烯材料，凝固后在叶片上形成一层保护膜
31	多孔材料	（1）使物体多孔或加入多孔物体； （2）利用物体的多孔结构引入有用的物质和功能	在物体上钻孔减少质量；海绵吸水
32	改变颜色	（1）改变物体或其环境的颜色； （2）改变物体或其环境的透明度和可视性； （3）在难以看清的物体中使用有色添加剂或发光物质； （4）通过辐射加热改变物体的热辐射性	透明绷带可以不打开绷带而检查伤口；变色眼镜；医学造影检查；太阳能收集装置
33	同质性	主要物体及与其相互作用的物体使用相同或相近的材料	使用化学特性相近的材料防止腐蚀
34	抛弃与修复	（1）采用溶解、蒸发、抛弃等手段废弃已完成功能的物体，或在过程中使之变化； （2）在工作过程中迅速补充消耗掉的部分	子弹弹壳；火箭助推器；可溶药物胶囊；自动铅笔
35	改变参数	（1）改变物体的物理状态； （2）改变物体的浓度、黏度； （3）改变物体的柔性； （4）改变物体的温度或体积等参数	制作酒心巧克力；液体肥皂和固体肥皂；连接脆性材料的螺钉需要弹性垫圈
36	相变	利用物体相变时产生的效应	使用把水凝固成冰的方法爆破
37	热膨胀	（1）使用热膨胀和热收缩材料； （2）组合使用不同热膨胀系数的材料	装配过盈配合的孔轴；热敏开关
38	加速氧化	（1）用压缩空气替换普通空气； （2）用纯氧替换压缩空气； （3）将空气或氧气用电离辐射进行处理； （4）使用臭氧	潜水用压缩空气；利用氧气取代空气送入喷火器内，以获取更多热量
39	惯性环境	（1）用惯性环境替换普通环境； （2）在物体中添加惰性或中性添加剂； （3）使用真空	为防止棉花在仓库中着火，向仓库中充惰性气体
40	复合材料	用复合材料替换单一材料	军用飞机机翼使用塑料和碳纤维形成的复合材料

1.3 创 新 技 法

创新技法是源于创造学的理论与规则，是创造原理具体运用的结果，是促进事物变革与技术创新的一种技巧。这些技巧提供了某些具体改革与创新的应用程序，提供了进行创新探索的一种途径，当然在运用这些技法时，还需要知识与经验的参与。

1.3.1 集智法

集智法是指集中大家智慧，并激励智慧，进行创新。该种技法是一种群体操作型的创新技法。不同知识结构、不同工作经历、不同兴趣爱好的人聚集在一起分析问题、讨论方案、探索未来时一定会在感觉和认知上产生差异，而正是这种差异会形成一种智力互激、信息互补的氛围，从而可以很有效地实现创新效果。

常采用的具体做法有以下几种。

（1）会议式。会议式也称头脑风暴法，是 1939 年由美国 BBDO 广告公司副经理 A. F. 奥斯本所创立的。该技法的特点是召开专题会议，并对会议发言作若干规定，通过这样一个手段引起与会人员之间的智力互激和思维共振，用来获取大量而优质的创新设想。会议的一般议程是：

1）会议准备：确定会议主持人、会议主题、会议时间、参会人（5~15 人为佳，且专业构成要合理）；

2）热身运动：看一段创造录像，讲一个创造技法故事，出几道脑筋急转弯题目，使与会者身心得到放松，思维运转灵活；

3）明确问题：主持人简明介绍，提供最低数量信息，不附加任何框框；

4）自由畅谈：无顾忌，自由思考，以量求质，有人统计，一个在相同时间内比别人多提出两倍设想的人，最后产生有实用价值的设想的可能性比别人高 10 倍；

5）加工整理：会议主持人组织专人对各种设想进行分类整理，去粗取精，并补充和完善设想。

（2）书面式。书面式方法是由德国创造学家鲁尔巴赫根据德意志民族惯于沉思的性格特点，对奥斯本智力激励法加以改进而成的。该方法的主要特点是采用书面畅述的方式激发人的智力，避免了在会议中部分人疏于言辞、表达能力差的弊病，也避免了在会议中部分人争相发言，彼此干扰而影响智力激励的效果。该方法也称 635 法，即 6 人参加，每人在卡片上默写 3 个设想，每轮历时 5 分钟。

具体程序是：会议主持人宣布创造主题→发卡片→默写 3 个设想→5 分钟后传阅；在第二个 5 分钟要求每人参照他人设想填上新的设想或完善他人的设想，30 分钟就可以产生 108 种设想，最后经筛选，获得有价值的设想。

（3）卡片式。卡片式是在奥斯本的头脑风暴法的基础上由日本人创立的。其特点是将人们的口头畅谈与书面叙述有机结合起来，以最大限度充分发挥群体智力互激的作用和效果。

　　具体程序包括：召开 4~8 人参加的小组会议，每人必须根据会议主题提出 5 个以上的设想，并将设想写在卡片中，一张卡片写一个。然后在会议上轮流宣读自己的设想。如果在别人宣读设想时，自己因受到启示产生新想法时，应立即将新想法写在备用卡片上。在全体人员发言完毕后，集中所有卡片，按内容进行分类，并加上标题，再进行更系统地讨论，以挑选出可供采纳的创新设想。

1.3.2　类比法

　　将所研究和思考的事物与人们熟悉的、并与之有共同点的某一事物进行对照和比较，从比较中找到它们的相似点或不同点，并进行逻辑推理，在同中求异或异中求同中实现创新。常用的具体类比技巧有以下 3 种：

　　（1）相似类比。一般指形态、功能、空间、时间、结构等方面的相似。例如，尼龙搭扣的发明就是由名叫乔治·特拉尔的工程师运用了功能类比与结构类比的技法实现的。这位工程师在每次打猎回来时，总有一种叫大蓟花的植物粘连在他的裤子上。当他取下植物、解开衣扣时，进行了无意的类比，感觉到它们之间功能的相似，并深入分析了这种植物的结构特点，发现这种植物遍体长满小钩，认识到具有小钩的结构特征是粘连的条件。接着运用结构相似的类比技法设计出一种带有小钩的带状织物，并进一步验证了这种连接的可靠性，进而采用这种带状织物代替普通扣子、拉链等，这也就是现在衣服上、鞋上、箱包上用的尼龙搭扣。

　　（2）拟人类比。指从人类本身或动物、昆虫等结构及功能上进行类比、模拟，而设计出诸如各类机器人、爬行器，以及其他类型的拟人产品。例如，日本发明家田雄常吉在研制新型锅炉时，就将锅炉中的水和蒸汽的循环系统与人体血液循环系统进行类比。即参照人体的动脉和静脉的不同功能以及人体心脏瓣膜阻止血液倒流的作用，进行了拟人类比，发明了高效锅炉，使其效率提高了 10%。再比如，人类在长期水上运动实践中类比鸭子的鸭掌、青蛙的蛙蹼，发明了人类潜水或游泳时穿用的脚蹼，大大提高了人类在水中行动的效率。

　　（3）因果类比。指由某一事物的因果关系经过类比技法而推理出另一类事物的因果关系。例如，由河蚌育珠，运用类比技法推理出的人工牛黄；由树脂充孔形成发泡剂，而推理出水泥充孔形成气泡混凝土。著名哲学家康德曾说过：“每当理智缺乏可靠论证的思路时，类比这个方法往往能指引我们前进。”

1.3.3　移植法

　　移植法指借用某一领域的成果，引用、渗透到其他领域，用以变革和创新。移植与类比的区别是，类比是先有可比较的原型，然后受到启发，进而联想进行创新；移植则是先有问题，然后去寻找原型，并巧妙地将原型应用到所研究的问题上来。主要移植内容有以下 3 种：

　　（1）原理的移植。指将某种科学技术原理向新的领域类推或外延。例如，将杠杆原理用于安装、拆卸螺母等，发明了扳手；将 X 光线的穿透原理用于人体透视等，发明了胸透

X 光机；激光技术用于医学的外科手术（激光手术刀），用于加工技术上产生了激光切割机，用于测量技术上产生了激光测距仪等。

（2）方法的移植。指操作手段与技术方案的移植。例如，金属电镀方法移植到塑料电镀上。

（3）结构的移植。指结构形式或结构特征的移植。例如，滚动轴承的结构移植到移动导轨上产生了滚动导轨，移植到螺旋传动上产生了滚珠丝杠；鲁班爬山时手被草割破，他仔细观察发现草的边缘是锯齿状的，然后将这种结构移植到带状铁器上，发明了至今仍在使用的锯条。

1.3.4 穷举法

穷举法又称为列举法，是一种辅助的创新技法，它并不提供发明思路与创新技巧，但它可以帮助人们明确创新的方向与目标。列举法将问题逐一列出，将事物的细节全面展开，使人们容易找到问题的症结所在，从各个细节入手探索创新途径。列举法一般分三步进行，第一步是确定列举对象，一般选择比较熟悉和常见的，进行改进与创新可获得明显效益的；第二步分析所选对象的各类特点，如缺点、希望点等，并一一列举出来；第三步从列举的问题出发，运用自己所熟悉的各种创新技法解决所列出的问题。

（1）希望点列举、发现或揭示希望有待创造的方向或目标。

希望点列举常与发散思维与想象思维结合，根据生活需要、生产需要、社会发展的需要列出希望达到的目标，希望获得的产品；也可根据现有的某个具体产品列举希望点，希望该产品进行改进，从而实现更多的功能，满足更多的需要。希望是一种动力，有了希望才会行动起来，使希望与现实更加接近。

例如，希望获得一种可以连续操作的扳手，即进程能拧紧螺母，而回程不会松开螺母的扳手。根据这样一个希望，人们发明了套筒棘轮扳手，如图 1-2 所示。它可以在扳手的一个旋转方向上施加扭矩，而在相反旋转方向上不具有扭矩，这让操作人员可以连续转动扳手，大大提高了拧紧或者拆卸螺母的效率。

（2）缺点列举揭露事物的不足之处，向创造者提出应解决的问题，指明创新方向。

该方法目标明确，主题突出，它直接从研究对象的功能性、经济性、审美性、宜人性等目标出发，研

图 1-2 棘轮扳手

究现有事物存在的缺陷，并提出相应的改进方案。虽然一般不改变事物的本质，但由于已将事物的缺点一一展开，使人们容易进入课题，较快地解决创新的目标。

具体分析方法有以下两种：

1）用户意见法。设计好用户调查表，以便引导用户列举缺点，并便于分类统计。

2）对比分析法。先确定可比参照物，再确定比较的项目（如功能、性能、质量、价格等）。

物理学家李政道在听一次演讲后，知道非线性方程有一种叫孤子的解。他为弄清这个问题，找来所有与此有关的文献，花了一个星期时间，专门寻找和挑剔别人在这方面研究中所存在的弱点。后来发现，所有文献研究的都是一维空间的孤子，而在物理学中，更有广泛意义的却是三维空间，这是不小的缺陷与漏洞。他针对这一问题研究了几个月，提出了一种新的孤子理论，用来处理三维空间的某些亚原子过程，获得了新的科研成果。对此李政道发表过这样的看法："你们要想在研究工作中赶上、超过人家吗？你一定要摸清在别人的工作里，哪些地方是他们的缺陷。看准了这一点，钻进去，一旦有所突破，你就能超过人家，跑到前头去了。"

图 1-3 是一款多角度、大范围送风的空调。壁挂式空调有时会存在吹不到凉风或者直吹等问题。针对此问题，海尔公司设计了一款独特的带随风翼的空调，可以实现 180° 自由变风，有效避免空调直吹，另外导风翼上的 12 孔可以实现超远距离送风，并且能够实现上下 160°、左右 140° 广角送风。

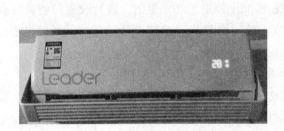 

图 1-3　海尔随风翼空调及翼片

1.4　机械创新设计

创新设计是一种现代设计方法，它是研究设计程序、设计规律和设计思维与方法的一门新型综合性科学。在机械设计过程中，创新设计对更大程度地满足人类生产和生活的需要，促进经济的发展和社会的进步有非常重要的作用。

创新发明其实一直就在我们身边，经过我们思考之后加上灵感，找到解决问题的方法或是发现新的事物。而在创新过程中也要注意创新设计的可行性，遵循事物发展的自然规律，不能盲目到想要发明如永动机这样的装置。

1.4.1　机械创新设计类型

机械创新设计通常分为以下几种类型。

（1）开发性设计。即在工作原理、结构等完全未知的情况下，针对新任务提出新方案，开发设计出以前没有的新产品。

（2）变型设计。即将某一已有的成熟的技术和结构进行适当变异，设计出使用领域更广的产品。

（3）适应性设计。亦称反求设计，针对已有的产品设计，在消化吸收的基础上，对产品作局部变更或设计出一个新部件，使产品更能满足使用要求。

（4）组合创新设计。将已有的零部件组合成为一种新产品，实现一种新的整体功能。例如，世界上的第一辆汽车就是组合创新的优秀成果，它是将汽车时代以前就有的转向装置、刹车装置、弹簧悬架等组合在一起成为新的交通工具。组合创新设计要求组合后的产品在性能上具有 1+1 大于 2 的效果，而在结构上则为 1+1 小于 2。

开发设计以开拓、探索创新，变型设计通过变异创新，适应性设计在吸取中创新，组合创新设计，则是在结构或机构的综合上创新。总之，创新是各种创新设计的共同点。

1.4.2 机械创新设计的一般过程

机械创新设计是相对常规设计而言的，它特别强调人在设计过程中，特别是在总体方案设计结果中的主导性和创造性作用。它是一门有待开发的新的设计技术和方法。由于技术专家们采用的工具和建立的结构学、运动学与动力学模型不同，但其实质是统一的。综合起来，机械创新设计的基本过程主要由综合过程、选择过程和分析过程组成。

机械创新设计要求设计者充分发挥创造力，利用人类已有的相关科学技术成果（含理论、方法、技术原理等），进行创新构思，设计出具有新颖性、创造性及实用性的机构和机械产品（装置）。创新主要包含两个内容：一是改进完善生产或生活中现有机械产品的技术性能，如可靠性、经济性、实用性等；二是创造性设计出新机器、新产品以满足新的生产或生活需要。

机械创新设计活动过程是建立在现有机械设计理论基础上，吸收相关学科的研究成果综合交叉形成。可见，机械创新设计能力的培养并非是一两门课程就能完成的任务，它是一种观念，一个目标，一个过程。

图 1-4 所示为中国的技术专家提出的机械创新设计的一般过程，它分为 4 个阶段。

（1）确定（选定或发明）机械的基本原理。它可能涉及机械学对象的不同层次、不同类型的机构组合，或不同学科知识、技术的问题。

（2）机构尺寸综合及其运动参数优选。优选的结构类型对机械整体性能和经济性具有重大影响，它多伴随着新机构的发明。

（3）机构运动尺寸综合及其运动参数优选。其难点在于求得非线性方程组的完全解（或多解），为优选方案提供较大的空间。

（4）机构动力参数综合及其动力参数优选。其难点在于参数量大、参数值变化域广的多维非线性动力学方程组的求解，这是一个亟待深入研究的课题。

完成上述机械工作原理、结构学、运动学、动力学分析与综合的 4 个阶段，便形成了机械设计优选方案，然后进入机械结构创新设计阶段，主要解决基于可靠性、工艺性、安全性、摩擦学的结构设计问题。

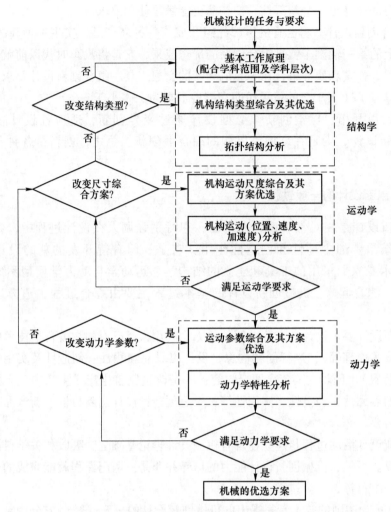

图 1-4　机械创新设计的一般过程

思 考 题

1-1 请根据 TRIZ 理论对一个现有产品进行创新改进。

1-2 请列举一个产品创新发展中应用到的 TRIZ 发明原理。

1-3 请利用一种创新技法进行一次创新实践活动。

1-4 请利用学到的创新知识分析现代机床的发展规律。

1-5 根据创新发展的规律，你能预测未来的汽车会是什么样子的吗？

2 机构的创新设计与制作

机械一般都是由各种机构组合而成的。机构是由许多运动构件组成，且各运动构件之间具有确定的相对运动，是传递运动和动力的可动装置。

机构可以分为基本机构和机构的组合。基本机构或称为机构的基本型，为含有三个构件以上、不能再拆分的机构，如四杆机构、三构件高副机构（凸轮机构、齿轮机构）、三构件间歇运动机构、螺旋机构、带传动、链传动等。任何复杂的机构系统都是由基本机构进行串联、并联、叠加连接和封闭连接组合而成，从而组成各种各样的机械。机构的组合是各基本机构通过某些方法组合在一起，形成一个较复杂的机械系统。

机械创新设计的本质，是研究基本机构的运动规律及它们之间的组合方法。

2.1 机构的组成

2.1.1 构件

机器中具有各自特定运动的单元体称为**构件**，不可拆卸的基本单元称为**零件**。构件是机构运动的最小单元体，是组成机构的基本要素。构件可能是一个零件，也可能是由若干零件固连在一起的一个独立运动的整体。零件是机器加工制造的最小单元体。若将一部机器进行拆卸，拆到不可再拆的最小单元就是零件。

构件可以是单独的零件，如图 2-1（a）所示的曲轴；也可以由许多零件刚性地连接在一起组成，如图 2-1（b）所示的连杆，连杆大头轴孔应与曲轴连接。由于安装的需要，必须把连杆做成分体式，即连杆由连杆体 1、螺栓 2、连杆头 3、螺母 4 等零件组成，图 2-1（c）是连杆实物。

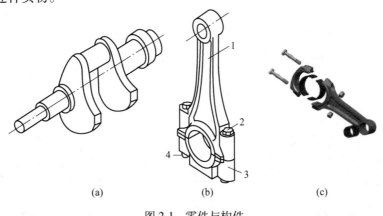

(a)   (b)   (c)

图 2-1　零件与构件

1—连杆体；2—螺栓；3—连杆头；4—螺母

2.1.2　运动副的种类及代表符号

机构是机械中需要实现某种确定运动的部分，它由许多构件组成，各构件之间都以一定的方式相互连接，这种连接不是固定连接，而是能产生一定相对运动的连接。**两构件直接接触并能产生一定相对运动的连接称为运动副。**

运动副有各种不同的分类方法，常见的方法有以下 2 种。

（1）平面运动副和空间运动副。按构成运动副的两构件是作平面平行运动还是作空间运动，可分为平面运动副和空间运动副，上述各种运动副均是限制相邻两构件只能互作平面平行运动的，因此均属平面运动副。如果运动副允许相邻两构件的相对运动不只局限于平行的平面内，则该运动副称为空间运动副，如图 2-2 所示，球面副和螺旋副即为空间运动副。

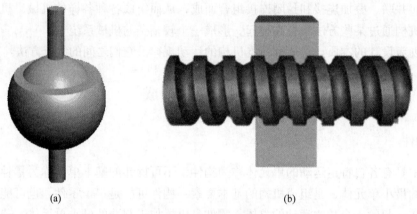

(a)　　　　　　　　　　　　(b)

图 2-2　空间运动副

（a）球面副；（b）螺旋副

（2）高副和低副。按两构件的接触情况，运动副可分为低副和高副两大类。

1）低副。构件通过面接触组成的运动副称为低副。低副在受载时，单位面积上的压力较小。根据构件之间相对运动形式的不同，低副又分为**转动副**和**移动副**。

转动副——若组成运动副的两构件只能在同一平面内作相对转动，这种运动副称为转动副，也称为铰链，如图 2-3 所示。

移动副——若组成运动副的两构件只能沿某一轴线做相对移动，这种运动副称为移动副，如图 2-4 所示。

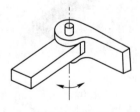

图 2-3　转动副

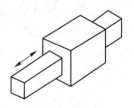

图 2-4　移动副

图 2-2（a）所示的球面副也属于低副。

2）高副。如图 2-5 所示，两构件（1 和 2）通过点或线接触而组成的运动副称为高副。高副在受载时，单位面积上的压力较大。

实际构件的外形和结构往往很复杂，在研究机构运动时，为使问题简化，通常不考虑那些与运动无关的构件的复杂外形、截面尺寸和运动副的实际构造，只用简单线条和符号表示构件和运动副，并按一定的比例画出各运动副的相对位置。这种表示机构各构件之间相对运动关系的简单图形，称为机构运动简图，如图 2-6 所示的曲柄滑块机构及其运动简图。

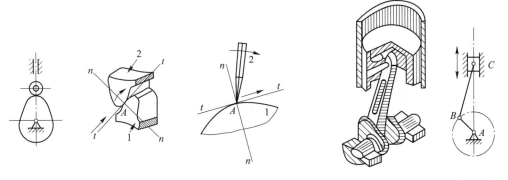

图 2-5　平面高副　　　　　　　　　图 2-6　曲柄滑块机构及其运动简图

机构运动简图准确表达了机构的组成及构件间的相对运动关系，它与原机械具有完全相同的运动特性，因而可以用机构运动简图对机械进行运动和动力分析。

若只是为了表达机构的组成和结构状况可不必严格按比例画图，这样画出的图称为机构示意图。

机构运动简图中运动副的表示方法如下。

（1）转动副的表示方法：用圆圈表示转动副，圆心代表相对转动的轴线。如图 2-7 所示为两个构件（1 和 2）组成转动副的表示方法，图 2-7（a）为实物图。若组成转动副的两构件都是活动构件，则用图 2-7（b）表示；若两构件中有一个为机架，则在代表机架的构件上加阴影线如图 2-7（c）、（d）所示。

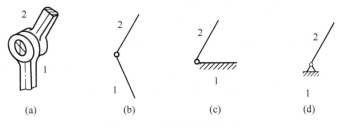

(a)　　　　　(b)　　　　　(c)　　　　　(d)

图 2-7　转动副的表示方法

（2）移动副的表示方法。移动副的导路方向必须与相对移动的方向一致，图 2-8（a）所示为两构件（1 和 2）组成的移动副，其表示方法如图 2-8（b）～（d）所示。

（3）高副的表示方法。两构件组成高副时，在简图中要画出两构件（1 和 2）接触处的曲线轮廓，如图 2-9 所示。

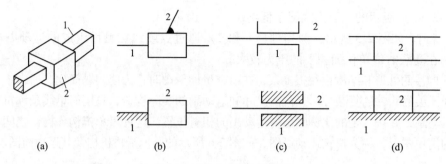

图 2-8　移动副的表示方法

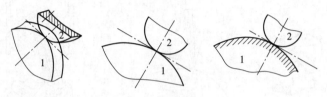

图 2-9　高副的表示方法

2.1.3　构件的分类

机构中的构件有三类，固定不动的构件称为固定构件（或机架）；按给定的运动规律独立运动的构件称为原动件（或主动件）；机构中其他的活动构件称为从动件。

（1）**固定构件（机架）**——用来支撑活动构件的构件。研究机构中活动构件的运动时，常以机架作为参考坐标系。

（2）**原动件（主动件）**——运动规律已知的活动构件。它的运动是由外界输入的，又称为输入构件。

（3）**从动件**——机构中随着原动件的运动而运动的其余活动构件。其中输出机构预期运动的从动件称为输出构件，其他从动件则起传递运动的作用。

机构中必须有一个构件被相对地看作固定构件。例如内燃机会跟随汽车运动，但在研究内燃机的运动时，应把汽缸体看作固定件。在活动构件中必须有一个或几个原动件，其余的都是从动件。

构件的表示方法如图 2-10、图 2-11 所示。对于机械中的一些常用构件和零件，也可采用习惯画法，如用粗实线或点画线画出一对节圆来表示互相啮合的齿轮；用完整的轮廓曲线来表示凸轮。其他常用构件及运动副的表示方法可参见 GB/T 4460—2013《机械制图 机构运动简图用符号》。

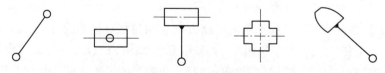

图 2-10　参与组成两个运动副构件的表示方法

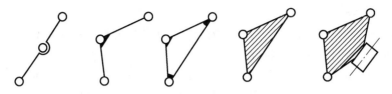

图 2-11　参与组成多个运动副构件的表示方法

2.2　常用的基本机构

常用的基本机构有连杆机构、凸轮机构、齿轮机构、带传动、链传动等。基本机构是机械创新设计的基础。

2.2.1　平面连杆机构

平面连杆机构是由若干个刚性构件通过低副连接，且各构件都在相互平行的平面内运动的一类机构，又称为平面低副机构。在平面连杆机构中，结构最简单且应用最广泛的是由四个构件所组成的平面四杆机构，其他多杆机构可以看成是在此基础上依次增加杆组而成。如图 2-12 所示。它是平面四杆机构的基本形式。其中固定不动的杆 4 称为机架；与机架相连的杆 1 和杆 3 称为连架杆；不与机架相连的杆 2 称为连杆。能绕固定轴线整周回转的连架杆称为曲柄（例如杆 1），只能在某一角度范围内摆动的连架杆称为摇杆（例如杆 3）。

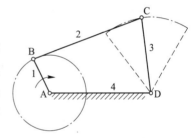

图 2-12　铰链四杆机构

在铰链四杆机构中，按照连架杆能否做整周转动，可将铰链四杆机构分成三种基本形式：曲柄摇杆机构、双曲柄机构和双摇杆机构，如图 2-13（图中 1~4 代表不同构件）所示。

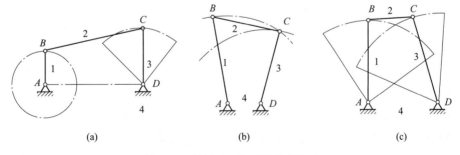

(a)　　　　　　　　　　(b)　　　　　　　　　　(c)

图 2-13　铰链四杆机构的基本形式
（a）曲柄摇杆机构；（b）双曲柄机构；（c）双摇杆机构

由于平面连杆机构能够生成众多的运动轨迹、再现大量的运动规律、具有较高的承载能力，寿命长及制造方便等特点，所以，它在自动化、工程机械等诸多领域都得到了广泛的应用。

2.2.1.1　曲柄摇杆机构

两连架杆中，若一个为曲柄，另一个为摇杆，则此四杆机构称为曲柄摇杆机构。通常曲柄作等速转动，摇杆作变速往复摆动。

如图 2-14 所示的由构件 1、2、3、4 构成的雷达天线俯仰角机构和如图 2-15 所示的搅拌机构，都是以曲柄为原动件的曲柄摇杆机构的实例。如图 2-16 所示的由构件 1、2、3、4 构成的缝纫机踏板机构，则是以摇杆 1（即踏板）为原动件的曲柄摇杆机构。

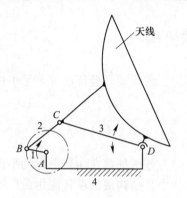

图 2-14　雷达天线俯仰角机构

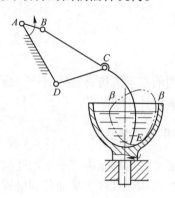

图 2-15　搅拌机构

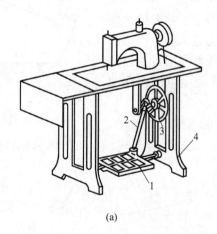

(a)

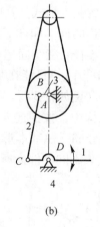

(b)

图 2-16　缝纫机踏板机构

2.2.1.2　双曲柄机构

两连架杆均为曲柄的铰链四杆机构称为双曲柄机构，如图 2-17 所示。它将原动曲柄 1 的等速整周回转借助连杆 2 变为从动曲柄 3 的变速整周回转。

如图 2-18 所示的回转式水泵就是双曲柄机构的应用实例，它由相位依次相差 90° 的 4 个双曲柄机构组成，图中所示的 ABCD 是其中的一个双曲柄机构的运动简图。当主动曲柄 AB 顺时针匀速回转时，带动从动曲柄 CD（隔板）作周期性变速回转，使相邻隔板间的夹角也发生周期性变化。转到右边时，相邻两隔板间的夹角及容积增大形成真空，从右边的进水口吸水；转到左边时，相邻两隔板间的夹角及容积变小，压力升高，从出水口排水，起到泵水的作用。

在双曲柄机构中，若连杆与机架的长度相等、两个曲柄的长度相等且转向相同时，称为平行四边形机构，如图 2-19 所示。它的特点是两曲柄的转向和转速相同，而连杆作平动。如图 2-20 所示的摄影平台升降机构就利用了连杆平动的特点。

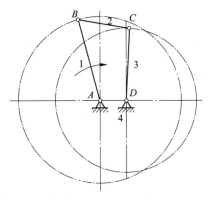

图 2-17 双曲柄机构

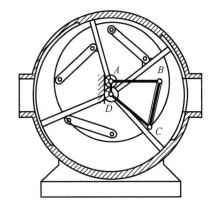

图 2-18 回转式水泵

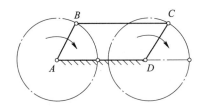

图 2-19 平行四边形机构

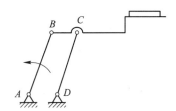

图 2-20 摄影平台升降机构图

如图 2-21 所示，当平行四边形机构的曲柄与机架共线时（AB_1C_1D 位置），机构处于运动不确定状态，其从动曲柄可能运动到 C_2D ，也可能折返至 $C_2'D$ 。

为了解决这个问题，工程上利用惯性或通过在机构中添加构件所带来的虚约束使机构始终保持平行四边形。如图 2-22 所示的机车车轮联动的平行四边形机构，构件 EF 带来了一个虚约束，解决了运动不确定问题，同时也使机车的各个车轮具有相同的速度。

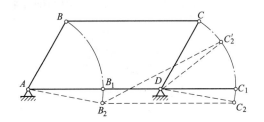

图 2-21 平行四边形机构的运动不确定现象

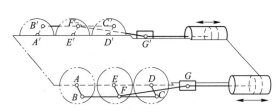

图 2-22 机车车轮联动机构

在双曲柄机构中，若对边长度相等但不平行（见图 2-23），则称为反平行四边形机构，它的特点是两曲柄反向转动且不等速。如图 2-24 所示的公共汽车的车门启闭机构，当主动曲柄 AB 逆时针转动时，通过连杆使从动曲柄 CD 做反向的顺时针回转，保证两扇车门同时打开或关闭。

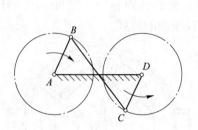

图 2-23　反平行四边形机构

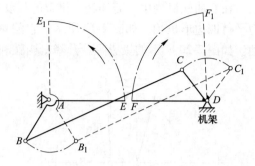

图 2-24　车门启闭机构

2.2.1.3　双摇杆机构

两连架杆均为摇杆的铰链四杆机构称为双摇杆机构。如图 2-25 为飞机起落架机构，轮子的收放是由原动摇杆 AB，通过连杆 BC 带动从动摇杆 CD 来实现的。图 2-26 所示为港口搬运货物的鹤式起重机，连杆 BC 上的 E 点作近似水平直线运动，使重物避免不必要的升降，以减少能量损耗。

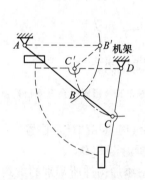

图 2-25　飞机起落架机构

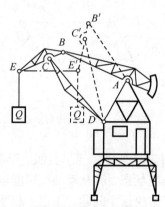

图 2-26　鹤式起重机

两摇杆长度相等的双摇杆机构称为等腰梯形机构。图 2-27 所示为轮式车辆的前轮转

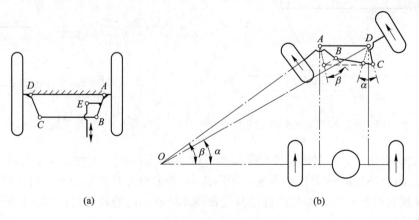

(a)　　　　　　　　　　　　　　　(b)

图 2-27　前轮转向机构

向机构。汽车转弯时，与前轮轴固连的两个摇杆的摆角不等。若在任意位置上都能使两前轮轴线的交点 O 落在后轮轴线的延长线上，则整个车身是在绕 O 点转动，4 个车轮都在地面上做纯滚动，可避免轮胎的滑动损伤。等腰梯形机构就能近似地满足这个要求。

2.2.2 凸轮机构

凸轮机构主要由凸轮、从动件（也称推杆）和机架组成，它是一种高副机构。一般情况下，凸轮为主动件，且作连续的等速运动，从动件则按照预定的运动规律运动，如图 2-28 所示的盘形凸轮机构，凸轮 1 驱使从动件 2 做上下往复直线运动。图 2-29 所示为绕线机中用于排线的凸轮机构，当绕线轴 3 快速转动时，经齿轮带动凸轮 1 缓慢地转动，通过凸轮轮廓与尖顶之间的作用，驱使从动件 2 往复摆动，从而使线均匀地缠绕在绕线轴上。图 2-30 所示为内燃机配气凸轮机构，凸轮 1 以等角速度回转，它的轮廓驱使从动件 2（阀杆）按预期的运动规律启闭阀门。

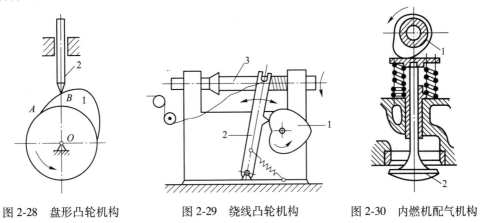

图 2-28　盘形凸轮机构　　　图 2-29　绕线凸轮机构　　　图 2-30　内燃机配气机构

根据凸轮和从动件的不同形状和形式，凸轮机构可分类如下。

2.2.2.1 按凸轮的形状分类

（1）盘形凸轮。它是凸轮的最基本形式。这种凸轮是一个绕固定轴线转动并且有变化半径的盘形零件，如图 2-28～图 2-30 所示。

（2）移动凸轮。当盘形凸轮的回转中心趋于无穷远时，凸轮相对机架做直线运动，这种凸轮称为移动凸轮，如图 2-31 所示。

（3）圆柱凸轮。将移动凸轮卷成圆柱体即成为圆柱凸轮，如图 2-32 所示。

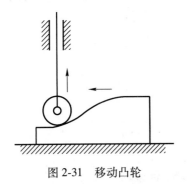

图 2-31　移动凸轮

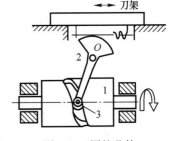

图 2-32　圆柱凸轮

1—圆柱凸轮；2—从动件；3—滚子

2.2.2.2　按从动件的形式分类

（1）尖顶从动件。如图 2-28、图 2-29 所示，尖顶能与复杂的凸轮轮廓保持接触，因而能实现任意预期的运动规律，但尖顶与凸轮是点接触，磨损快，只宜用于受力不大的低速凸轮机构。

（2）滚子从动件。如图 2-31 所示。为了克服尖顶从动件的缺点，在从动件的尖顶处安装一个滚子，即成为滚子从动件。滚子和凸轮轮廓之间为滚动摩擦，耐磨损，可承受较大载荷，所以是从动件中最常用的一种形式。

（3）平底从动件。如图 2-30 所示，这种从动件与凸轮轮廓表面接触的端面为一平面。显然，它不能与凹陷的凸轮轮廓相接触。这种从动件的优点是：当不考虑摩擦时，凸轮与从动件之间的作用力始终与从动件的平底相垂直，传动效率较高，且接触面间易形成油膜，利于润滑，故常用于高速凸轮机构。

以上三种从动件都可以相对于机架做往复直线运动或做往复摆动。为了使凸轮与从动件始终保持接触，可以利用重力、弹簧力（见图 2-28～图 2-30）或依靠凸轮上的凹槽（见图 2-32）来实现。

凸轮机构的优点：只需设计适当的凸轮轮廓，便可使从动件得到所需的运动规律，并且结构简单、紧凑，设计方便。它的缺点是凸轮轮廓与从动件之间为点接触或线接触，易磨损，所以通常多用于传力不大的控制机构。

2.2.3　间歇运动机构

2.2.3.1　棘轮机构

（1）棘轮机构的工作原理和类型。图 2-33（a）所示为外啮合棘轮机构，主要由棘轮 1、驱动棘爪 2、制动爪 4 及机架组成。摆杆空套在与棘轮固连的从动轴 O 上，并与驱动棘爪 2 用转动副相连，在曲柄的驱动下绕 O 做往复摆动。弹簧 5 用来使制动爪和棘轮保持接触。当摆杆做逆时针方向摆动时，驱动棘爪便插入棘轮的齿槽中，使棘轮跟着转过一定的角度，此时，制动爪在棘轮的齿背上滑动。当摆杆顺时针方向转动时，制动爪阻止棘轮向顺时针方向转动，驱动棘爪在棘轮齿背上滑动，这时，棘轮便静止不动。这样，当摆杆做连续的往复摆动时，棘轮便做单向的间歇运动。图 2-33（b）所示为内啮合棘轮机构。

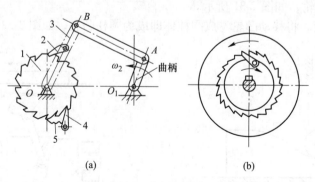

(a)　　　　　　　　　　(b)

图 2-33　棘轮机构

（a）外啮合棘轮机构；（b）内啮合棘轮机构

　　若要使棘轮得到双向间歇运动，则棘轮轮齿可制成矩形，而棘爪制成可翻转的形式，如图 2-34（a）所示。当棘爪 3 处于实线状态时，棘轮 2 可获得逆时针方向的间歇运动；棘爪 3 处于虚线状态时，棘轮 2 可获得顺时针方向的间歇运动。如图 2-34（b）所示为另一种可变向棘轮机构。当棘爪 2 按图示位置放置时，棘轮 1 可获得逆时针方向的单向间歇运动。当把棘爪 2 提起并绕其本身轴线转 180°后再放下时，就使棘爪 2 的直边与棘齿的左侧齿廓接触，从而使棘轮获得顺时针方向的间歇运动。

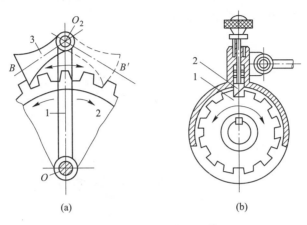

(a) (b)

图 2-34　可变向棘轮机构

　　若要使摆杆来回摆动时都能驱动棘轮向同一方向转动，则可采用如图 2-35 所示的双动式棘轮机构。此种机构的棘爪可制成直的或钩状，分别如图 2-35（a）、（b）所示。

　　上述棘轮机构中，棘轮的转角都是相邻齿所夹中心角的倍数。也就是说，棘轮的转角是有级性改变的。如果要实现无级性改变，就需要采用无棘齿的棘轮。图 2-36 所示的由构件 1、2、3、4、5 构成的棘轮机构是通过棘爪 2 与棘轮 3 之间的摩擦力来传递运动的（4 为制动棘爪），故又称为摩擦式棘轮机构。摩擦式棘轮机构的优点是噪声小，不会有轮齿式棘轮的"嗒嗒"声，并且它的转角可以无级调整；缺点是接触面容易发生滑动，导致传动不准确。

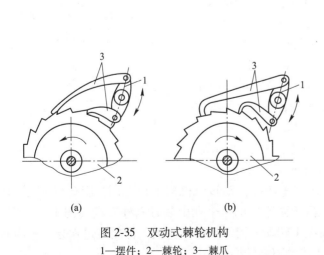

(a) (b)

图 2-35　双动式棘轮机构
1—摆件；2—棘轮；3—棘爪

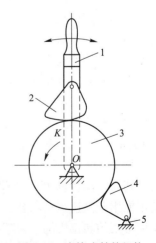

图 2-36　摩擦式棘轮机构

（2）棘轮机构的应用。棘轮机构的优点是结构简单，转角大小调节方便，缺点是传动力不大，且传动平稳性差，只适用于转速不高的场合，如各种机床中的进给机构。棘轮机构的另一个典型应用是实现超越运动。图 2-37 所示为自行车后轴的内齿式双棘爪结构，其中棘轮与小链轮 3 固连，棘爪 4 与后车轮固连。脚踏的转动通过大链轮 1 经链条 2 传递给小链轮 3，小链轮 3 带动棘轮同步旋转，棘轮通过棘爪 4 驱动后车轮，从而使自行车前进。如果保持脚踏不动，后车轮便会超越链轮而转动，此时棘爪 4 在棘齿背上滑过，发出"嗒嗒"声，驱动力无法由车轮传递到脚踏。

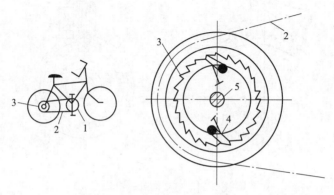

图 2-37　内齿式双棘爪结构

1—大链轮；2—链条；3—小链轮；4—棘爪；5—后车轴

2.2.3.2　槽轮机构

槽轮机构也是一种间歇运动机构。它由槽轮 2、拨盘 1 和机架组成，如图 2-38 所示。具有圆销 A 的拨盘 1 是主动件，具有径向槽的槽轮 2 是从动件。当拨盘 1 作连续回转时，圆销 A 进入从动槽轮 2 的径向槽时，即拨动槽轮 2 转动；当圆销 A 由径向槽滑出时，槽轮 2 即停止运动。为了使槽轮 2 具有精确的间歇运动，当圆销 A 脱离径向槽时，拨盘 1 上的锁止弧应恰好卡在槽轮 2 的凹圆弧上，迫使槽轮 2 停止运动，直到圆销 A 再次进入下一个径向槽时，锁止弧脱开，槽轮才能继续回转。

对于外啮合的槽轮机构，槽轮转向与拨盘的转向相反。由图 2-39 可见，内啮合的槽轮机构，槽轮与拨盘的转向相同。除此以外，还有槽条机构、球面槽轮机构（见图 2-40）等。槽轮机构结构简单，机械效率高，但圆销切入切出径向槽时加速度变化较大，冲击严重，

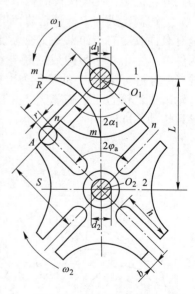

图 2-38　外啮合槽轮机构

因此不能用于高速运动场合，在机床、生产线自动转位机构中很常用。图 2-41 所示为转塔车床刀架的转位机构。刀架（与槽轮固连）的六个孔中装有六种刀具（图中未画出），相应的槽轮 2 上有 6 个径向槽。拨盘 1 转动一周，圆销 A 将拨动槽轮转过六分之一圆周，刀架也随着转过 60°，从而将下一工序的刀具转换到工作位置。

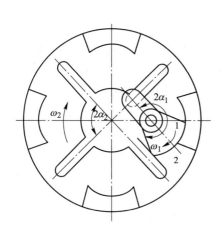

图 2-39　内啮合槽轮机构

1—拨盘；2—槽轮

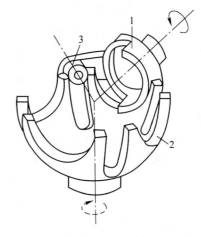

图 2-40　球面槽轮机构

1—拨盘；2—槽轮；3—拨销

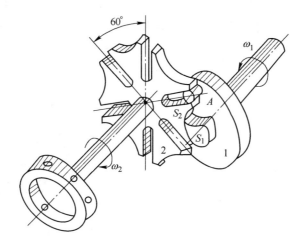

图 2-41　刀架的转位机构

2.2.3.3　不完全齿轮机构

不完全齿轮机构是在普通渐开线齿轮的基础上演化而来的，不同之处在于轮齿没有布满整个圆周。它分为外啮合和内啮合两种类型，其中，外啮合机构中，主动件和从动件转向相反，如图 2-42 所示；内啮合机构中，则转向相同。不完全齿轮机构的优点是结构简单、制造方便，不完全齿轮机构常用于计数器、多工位自动化机械中。在不完全齿轮机构中，主动轮 1 只有一个或几个齿，从动轮 2 上具有多个与主动轮啮合的轮齿和锁止弧，从而把主动轮的连续旋转转化为从动轮的间歇运动。

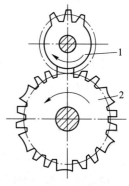

图 2-42　不完全齿轮机构

不完全齿轮机构的优点是结构简单、制造方便，可以方便地设计从动轮的静止时间和运动时间。缺点是从动轮时而匀速转动、时而静止，在运动静止之间转化时有严重的冲击和振动，所以只能用于低速轻载的场合。不完全齿轮机构常用于计数器、多工位自动化机械中。

2.2.3.4　凸轮间歇运动机构

棘轮和槽轮机构是目前应用较为广泛的间歇运动机构。但由于其机构和运动、动力性能的限制，它们的运转速度不能太高，一般每分钟动作的次数不宜高于100～200次，否则将会产生过大的动载荷，引起较强烈的冲击和振动，机构的工作精度难以保证。随着科学技术的发展，高速自动机械日益增多，要求机构动作频率越来越高。例如电机矽钢片的冲槽机，冲槽速度高达每分钟1200次左右。为了适应这种需要，凸轮式间歇运动机构得到越来越广泛的应用。

凸轮间歇运动机构由主动轮和从动盘（分度盘）组成，主动凸轮作连续转动，通过其凸轮廓线推动从动盘作预期的间歇分度运动。按结构主要分为两类。如图2-43所示的圆柱分度凸轮，凸轮1呈圆柱形。滚子3均匀地分布在分度盘2的端面，动载荷小，无刚性和柔性冲击，适合高速运转，无需定位装置，定位精度高，结构紧凑；但加工成本高，装配与调整的要求高。第二类是弧面分度凸轮机构，如图2-44所示，凸轮1形状如同圆弧面蜗杆一样，滚子中心均匀地分布在分度转盘2的圆柱面上，犹如蜗轮的齿。这种凸轮间歇运动机构可以通过调整凸轮与转盘的中心距来消除滚子与凸轮接触面之间的间隙以补偿磨损。

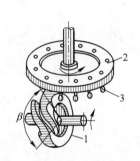

图2-43　圆柱分度凸轮机构

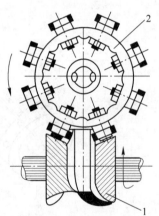

图2-44　弧面分度凸轮机构

凸轮间歇运动机构的优点是运转可靠、传动平稳、转盘可以实现任何运动规律，还可以用改变凸轮推程运动角来得到所需要的分度转盘转动与停歇时间的比值。凸轮间歇运动机构常用于传递交错轴间的分度运动和需要间歇转位的机械装置中。

2.2.4　齿轮传动机构

2.2.4.1　齿轮机构的特点

齿轮传动的主要优点是：传动功率大（可达10×10^4 kW以上）、速度范围广（圆周速度可从很低到300m/s）、效率高（0.94～0.99）、工作可靠、寿命长、结构紧凑，能保证恒定的瞬时传动比，可传递空间任意两轴间的运动和动力。

主要缺点：制造和安装精度要求高，成本高；精度低时传动噪声和振动较大；不宜用于中心距较大的传动。

2.2.4.2 齿轮机构的分类

齿轮机构的主要类型、特点及应用范围如表 2-1 所示。

表 2-1 齿轮机构的主要类型、特点及应用范围

分类		图例	特点与应用范围
平面齿轮机构	外啮合直齿圆柱齿轮机构		两齿轮转向相反；齿轮与轴线平行，工作时不存在轴向力，重合度小，传动平稳性较差，承载能力低。多用于转速较低的传动，尤其适用于变速箱的换挡齿轮
	外啮合斜齿圆柱齿轮机构		两齿轮转向相反；轮齿与轴线成一定夹角，工作时存在轴向力，所需支撑比较复杂；重合度较大，且传动平稳，承载能力高。适用于转速高、承载大或要求结构紧凑的场合
	外啮合人字齿圆柱齿轮机构		两齿轮转向相反；可看成一个由两个螺旋角大小相等方向相反的斜齿轮组合而成的齿轮，承载能力比斜齿轮还高，轴向力可相互抵消，但制造复杂，成本高。这种机构多用于重载传动。对轴系结构的设计有特殊的要求
	齿轮齿条传动		可实现旋转运动与直线运动的相互转换。齿条可看作是半径无限大的一个齿轮。承载力大，传动精度较高，可无限长度对接延续，传动速度高，但对加工及安装精度要求高，磨损大。主要用于升降机、数控切割机等直线运动与旋转运动相互转换的场合
	内啮合圆柱齿轮机构		两齿轮转向相同；重合度大，轴向间距小，结构紧凑，传动效率高；用途广泛。主要用于组成各种轮系

分类		图例	特点与应用范围
空间齿轮机构	蜗杆蜗轮机构		两轴线交错；一般成 90°；可以得到很大的传动比；啮合时齿面间为线接触，其承载能力大，传动平稳，噪声很小，具有自锁性；传动效率较低，磨损较严重；蜗杆轴向力较大。常被用于两轴交错、传动比大、传动功率不大或间歇工作的场合
	锥齿轮机构		两轴线平面垂直相交；可分为直齿锥齿轮机构与曲齿锥齿轮机构，其中直齿锥齿轮机构制造安装简便，但承载能力差，传动稳定性差，主要用于低速、低载传动；曲线锥齿轮机构重合度大，承载能力高，工作平稳。可用于高速、重载的传动中
	交错轴斜齿轮机构		两轴线交错；啮合时两齿轮为点接触，传动效率低，易磨损。适用于速度小、载荷低的传动

2.2.4.3 轮系

一系列齿轮组合构成的传动系统为轮系，轮系可以实现变速传动、远距离传动、分路传动、换向传动、运动的合成、运动的分解、获得较大传动比、实现大功率传动等。

根据轮系运转时各齿轮轴线相对机架位置是否固定，可将轮系分为定轴轮系和周转轮系两种基本类型。

轮系在运转过程中，若每一个齿轮的轴线位置相对于机架均固定不变，则该轮系为定轴轮系。如图 2-45 所示，各齿轮（1-2-2′-3-3′-4-5）的轴线相对于机架都是固定的，所以该轮系为定轴轮系。

轮系在运转过程中，至少有一个齿轮的几何轴线不是相对于机架固定不变的，即其轴线不固定而是绕某一固定轴线回转，这样的轮系我们称之为周转轮系。从图 2-46 可以看出，轮系运转时，齿轮 1 和齿轮 3 的轴线相对于机架固定，而齿轮 2 绕自身轴线回转的同时，又随着构件 H 一起绕着固定轴线 O_H 作周转运动，所以可以形象地把齿轮 2 比喻成像地球一样的行星，既有自转也有公转，故称其为行星轮，构件 H 称为行星架或系杆，行星架是用于支承行星轮并使其得到公转的构件，轴线固定的齿轮 1 和齿轮 3 则称为太阳轮。

在实际工程应用中，除了以上两种基本轮系之外还经常将定轴轮系和周转轮系或者几个基本周转轮系组合在一起使用，这种组合轮系称为复合轮系。

2.2.5 带传动机构

按其工作原理不同，带传动分为摩擦型（普通）带传动（见图 2-47）和啮合型同步带传动（见图 2-48）。基本组成为主动带轮、挠性带、从动带轮。

普通带传动是靠传动带与带轮间的摩擦力传递运动和动力。

根据传动带的截面形状，摩擦型带传动可分为平带传动、V 带传动和圆带传动等，如

图 2-49 所示。V 带传动又可分为普通 V 带传动、窄 V 带传动、多楔带传动、大楔角 V 带传动、宽 V 带传动。

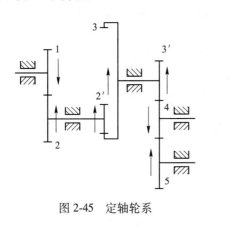

图 2-45 定轴轮系

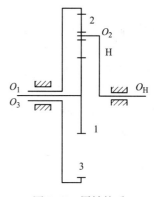

图 2-46 周转轮系

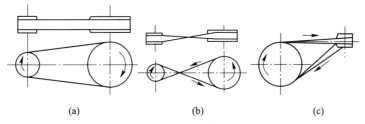

(a)　　　　　　　(b)　　　　　　　(c)

图 2-47 普通带传动布置形式

（a）开口传动；（b）交叉传动；（c）半交叉传动

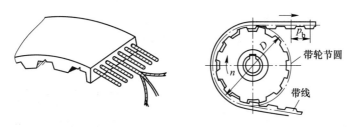

图 2-48 同步带结构与同步带传动

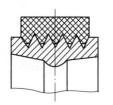

图 2-49 传动带截面形状

普通带传动的主要优点：有缓冲和吸振作用；运行平稳，噪声小；结构简单，制造成本低；可通过选择带长以适应不同的中心距要求。普通带传动过载时，传动带会在带轮上打滑，对其他机件有保护作用。

普通带传动的缺点：传动带的寿命较短；传递相同圆周力时，外廓尺寸和作用在轴上的载荷比啮合传动大；传动带与带轮接触面间有相对滑动，不能保证准确的传动比。因而，普通带传动一般仅用来传递动力。

同步带传动能克服上述缺点，故越来越广泛地应用于仪器仪表和办公设备，用来传递运动。但同步带传动对制造安装精度要求较高。

目前，带传动所能传递的最大功率为700kW，工作速度一般为5~30m/s。采用特种带的高速带传动速度可达60m/s，超高速带传动速度可达100m/s。带传动的传动比一般不大于7，个别情况可达到10（常用小于或等于5的传动比）。

2.2.6 链传动机构

链传动通过链轮轮齿与链条链节相互啮合实现传动，主要由主动链轮、传动链、从动链轮组成，如图2-50所示。它具有下列特点：可以得到准确的平均传动比，并可用于较大的中心距；传动效率较高，最高可达98%；张紧力较小，作用在轴上的载荷较小；容易实现多轴传动；能在恶劣环境（高温、多灰尘等）下工作；瞬时传动比不等于常数，链的瞬时速度是变化的，故传动平稳性较差，速度高时噪声较大。

链传动主要用于两轴中心距较大的动力和运动的传递，广泛用在农业、采矿、冶金、起重、运输、石油和化工等行业。通常，链传动的传动功率小于100kW，链速小于15m/s，传动比不大于8。先进的链传动传动功率可达5000kW，链速达到35m/s，最大传动比可达到15。

滚子链为最常见的传动链，由滚子5、套筒3、销轴4、外链板2和内链板1组成，如图2-51所示。套筒与内链板、销轴与外链板分别用过盈配合（压配）固联，使内、外链板可相对回转，滚子与套筒间是间隙配合。当链节进入、退出啮合时，滚子沿链轮轮齿滚动，实现滚动摩擦，减小磨损。为减轻重量，制成"8"字形。这样质量小，惯性小，具有等强度。

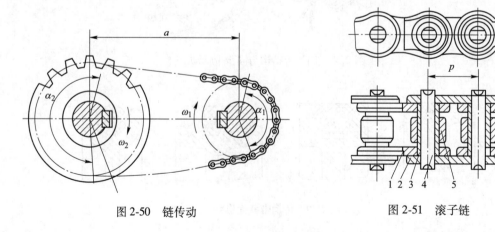

图 2-50 链传动   图 2-51 滚子链

要进行机械创新设计，首先要掌握各种机构的性能和特点，这是进行机械创新设计的基础。机构的类型很多，选择不同类型的机构，将会得到不同形式的系统方案，会获得不同的系统工作性能。常用机械机构及其主要性能如表 2-2 所示。

表 2-2 常用机械传动机构及其主要性能

传动类型	传动效率		传动比	圆周速度 $v/\text{m} \cdot \text{s}^{-1}$	相对成本	外廓尺寸	性能特点
带传动	平带 0.94~0.96		≤5~7	5~25 (30)	低	大	过载打滑，传动平稳，缓冲吸振，可远距离传动，但传动比不恒定
	V 带 0.92~0.97						
	齿形带 0.95~0.98		≤10	50 (80)	低	中	传动平稳，能保证固定传动比
链传动	开式 0.90~0.92		≤5~8	5~25	中	大	平均传动比准确，可在环境恶劣情况下工作，远距离传动，有冲击振动。
	闭式 0.96~0.97						
齿轮传动	开式 0.92~0.96	开式≤3~5		≤5		中	传动比恒定，功率和速度适用范围广，效率高，寿命长
	闭式 0.96~0.99	闭式 7~10		≤200	中	小	
蜗杆传动	自锁 0.4~0.45		8~80 (1000)	15~50	高	小	传动比大，传动平稳，结构紧凑，可实现自锁，效率低
	不自锁 0.7~0.9						
螺旋传动	滑动 0.3~0.6			高/中/低	中	小	传动平稳，能自锁，增力效果好
	滚动≤0.9						
连杆机构	高		1	中	低	小	结构简单，易制造，能传递较大载荷，耐冲击，可远距离传动
凸轮机构	低			中/低	高	小	从动件可实现各种运动规律，高副接触磨损较大
摩擦轮传动	0.85~0.95		≤5~7	≤15~25	低	大	过载打滑，工作平稳，可在运动中调节传动比

2.3 机构的创新设计

常用的基本机构能够满足一般性的设计要求。在生产生活中，设计者为实现满足设计任务的各种要求，常会对基本机构的形式、结构、尺寸做出一定的改进，或采用几种机构共同协作，对已有机构进行创造性的改造，实现机构的创新。前一种对已有的机构做出适当的改变的设计方法称为机构的变异；根据工作要求的不同和各种基本机构的特点，采用几种机构组合起来才能满足工作要求的设计方法为机构的组合创新设计。本节对目前机构设计中已有的创新方法进行总结，使设计者对机构进行有目的地创新性改造，使机构可以更加广泛地应用于生产生活中去。

2.3.1　机构变异的创新设计

机构变异的创新设计是由基本机构变异演化而来的。变异演化的方法有改变构件的形状和运动尺寸、机构倒置（变换机架）和改变运动副尺寸。

2.3.1.1　改变构件的形状和运动尺寸

图 2-52（a）所示的曲柄摇杆机构（构件 1-2-3-4）中，当曲柄 1 转动时，经由连杆 2 将运动传递到摇杆 3，摇杆 3 上 C 点的轨迹是以 D 为圆心的圆弧。故可将摇杆 3 做成曲线滑块，使它沿着以 D 为圆心的曲线导轨 $\beta-\beta$ 运动，这样做 C 点的运动规律并没有改变，但此时机构已转化为曲柄 1 转动，通过连杆 2 带动滑块 3 沿曲线导轨运动的曲柄滑块机构，如图 2-52（b）所示。

当摇杆长度越长时，圆弧曲线越平直。当摇杆 3 为无限长时，圆弧曲线将变成一条直线，曲线导轨则演变成直线导轨，回转副 D 演变成移动副，机构演变为曲柄滑块机构（曲柄 1-连杆 2-滑块 3-机架 4）。滑块导路到曲柄回转中心 A 之间的距离 e 称为偏距。若 e 不为零，则为偏置曲柄滑块机构，如图 2-52（c）所示；若 e 等于零，则为对心曲柄滑块机构，如图 2-52（d）所示。内燃机、空气压缩机、冲床等的主体机构都是曲柄滑块机构。

图 2-52（d）所示的对心曲柄滑块机构中，当曲柄 1 转动时，连杆 2 上 B 点相对于其 C 点的运动轨迹为圆弧 $\overset{\frown}{\alpha\alpha}$，设想将连杆 2 做成曲线滑块，使它沿着与滑块 3 固连的以 C 为圆心、以 BC 为半径的圆弧轨道运动，机架 4 固定，则机构的运动情况并未改变，如图 2-53（a）所示。若再设想将连杆 2 的长度变为无穷大，圆弧 $\overset{\frown}{\alpha\alpha}$ 将变成直线，连杆 2 演变成直线滑块，对心曲柄滑块机构演变成了正弦机构，如图 2-53（b）所示。

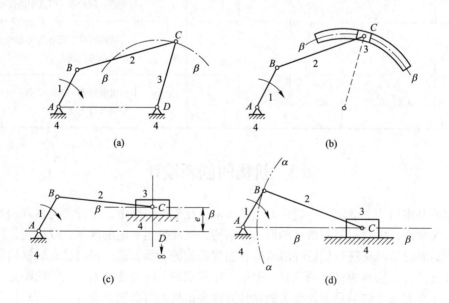

图 2-52　曲柄摇杆机构转化为曲柄滑块机构

（a）曲柄摇杆机构；（b）曲线导轨曲柄滑块机构；（c）偏置曲柄滑块机构；
（d）对心曲柄滑块机构

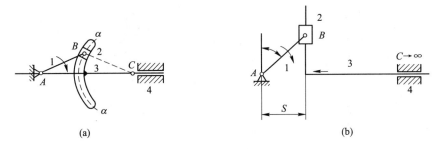

图 2-53 曲柄滑块机构演化为正弦机构

2.3.1.2 机构倒置

平面低副机构中，当选取不同的构件为机架时，各构件之间的相对运动关系并不会改变。这一性质称为"低副运动可逆性"。利用这个特性，在图 2-54（a）所示的曲柄摇杆机构（构件 1-2-3-4）中，若改取构件 1 为机架，则得到如图 2-54（b）所示的双曲柄机构；若改取构件 2 为机架，则得到另一个曲柄摇杆机构，如图 2-54（c）所示；若改取构件 3 为机架，则得到如图 2-54（d）所示的双摇杆机构。

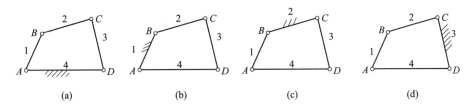

图 2-54 铰链四杆机构的演化
（a）曲柄摇杆机构；（b）双曲柄机构；（c）曲柄摇杆机构；（d）双摇杆机构

同样对于图 2-55（a）所示的由构件 1-2-3-4 构成的曲柄滑块机构，当选取不同构件为机架时，可分别得到导杆机构、定块机构、摇块机构。图 2-56 为它们在工程中的应用实例。

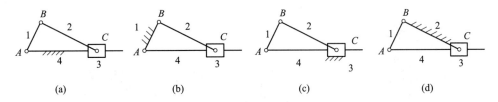

图 2-55 含有一个移动副四杆机构的演化
（a）曲柄滑块机构；（b）导杆机构；（c）定块机构；（d）摇块机构

对于如图 2-57（a）所示含有两个移动副的正弦机构（构件 1-2-3-4 构成曲柄移动导杆机构），若选不同构件为机架，则还可得到双滑块机构、双转块机构，如图 2-57（b）（c）所示。图 2-57（d）（e）（f）分别为它们在工程中的应用。

从相对运动原理来看，这种机构的机架变换实质为取不同参考系的机构演化原理，因此称为机构倒置。

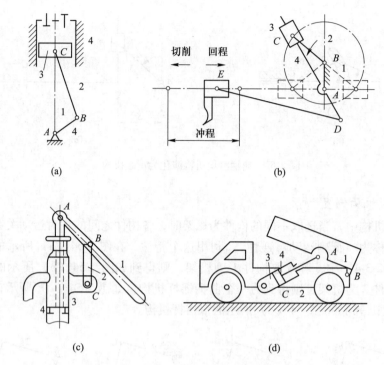

图 2-56　含有一个移动副四杆机构的应用

（a）内燃机活塞；（b）小型刨床；（d）手压抽水机；（c）自卸卡车卸料机构

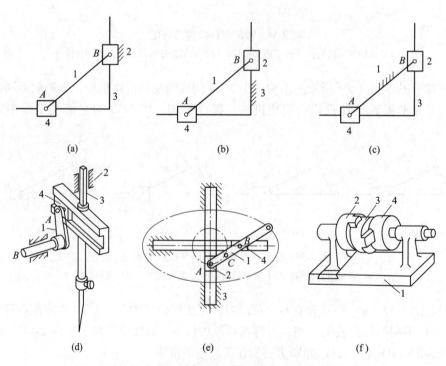

图 2-57　含有两个移动副的四杆机构及其应用

（a）正弦机构；（b）双滑块机构；（c）双转块机构；（d）缝纫机下针机构；（e）椭圆仪；（f）十字滑块联轴器

2.3.1.3 改变运动副的尺寸

图 2-58（a）所示为曲柄摇杆机构（构件 1-2-3-4），若将转动副 B 的半径扩大至超过曲柄 AB 的长度，便得到图 2-58（b）所示的偏心轮机构。此时，曲柄 1 变成了一个回转中心为 A、几何中心为 B 的偏心圆盘，其偏心距即为曲柄长。此偏心轮机构与原曲柄摇杆机构是等效机构。若将转动副 C 的半径扩大，使之将偏心轮包含在其内，又可演化为双偏心轮机构，如图 2-58（c）所示。

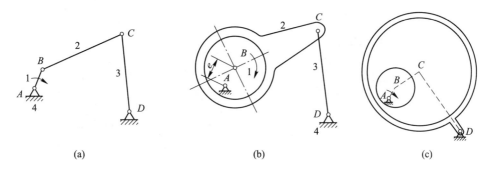

图 2-58　曲柄摇杆机构演化为偏心轮机构
（a）曲柄摇杆机构；（b）偏心轮机构；（c）双偏心轮机构

实际机械中，当曲柄长度很短、曲柄销需承受较大冲击载荷时，通常将曲柄做成偏心轮或偏心轴、曲轴，在冲床、压印机床、破碎机、纺织机、内燃机等设备中可见到这种结构。

图 2-59（a）所示的曲柄滑块机构，将转动副 B 的半径扩大至超过曲柄 AB 的长度，便得到图 2-59（b）所示的偏心轮机构。若再将偏心轮机构中的转动副 C 的滑块尺寸扩大，使之将偏心轮包含在其内，可演化为图 2-59（c）所示的滑块内置偏心轮机构。

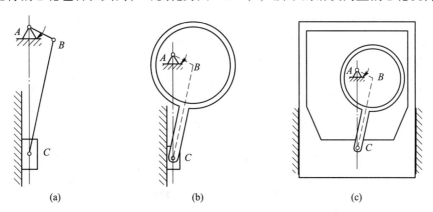

图 2-59　曲柄滑块机构演化为滑块内置偏心轮机构
（a）曲柄滑块机构；（b）偏心轮机构；（c）滑块内置偏心轮机构

2.3.2　机构组合的创新设计

工程中的实用机械，很少由一个简单的基本机构组成，大都由若干个基本机构通过各种连接方法组合而成的一个机构系统组成，如图 2-60（a）所示牛头刨床机构，由齿轮机构和连杆机构组合而成，图 2-60（b）所示的 V 带-齿轮传动输送机，由带传动机构和齿轮机构组合而成。

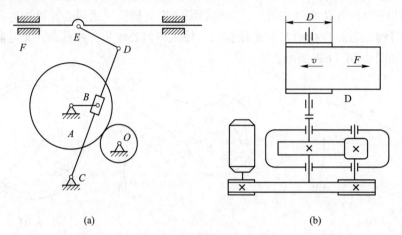

(a)　　　　　　　　　　　　　(b)

图 2-60　机构组合系统
（a）牛头刨床机构运动简图；（b）V 带-齿轮传动输送机

　　各基本机构通过某种连接方法组合在一起，形成一个较复杂的机械系统，这类机械是工程中应用最广泛，也是最普遍的。常用的机构组合设计方法有：机构串联组合方法，机构并联组合方法，机构叠加组合方法和复合式机构组合方法等。

2.3.2.1　机构串联组合方法

A　基本概念与形式

　　机构的串联组合是指若干基本机构顺序连接，前一个机构（称为前置机构）的输出构件与后一个机构（称为后置机构）的输入构件刚性连接在一起。机构串联组合的目的主要是改变后置机构的运动速度或运动规律。根据参与组合的前置机构和后置机构连接点的不同，可分为两种串联组合方法：连接点设置在前置机构做简单运动的构件（一般为连架杆）上称为Ⅰ型串联；连接点设置做复杂平面运动的构件上，称为Ⅱ型串联，如图 2-61 所示。

　　机构串联组合的特征为前置机构和后置机构都是单自由度机构。

(a)　　　　　　　　　　　　　(b)

图 2-61　串联组合
（a）Ⅰ型串联；（b）Ⅱ型串联

　　如图 2-62 所示，铰链四杆机构 ABCD 为前置机构，曲柄滑块机构 DEF 为后置机构。前置机构中，AB 为主动件，输出构件 DC 与后置曲柄滑块的输入件 DE 固接，形成Ⅰ型串联组合机构，合理进行机构尺寸的综合后，可获得滑块的特定运动规律。

如图 2-63 所示，前置机构为平行四边形 $ABCD$，后置机构由齿数为 z_1 的内齿轮，齿数为 z_2 的外齿轮 4 组成内啮合齿轮机构，齿轮机构中的内齿轮与平动的连杆 2 固接，且圆心位于连杆的轴线上。内齿轮的圆心位于曲柄 1 的平行线上，且满足 $O_1O_2 = AB = CD$。该机构中后一级机构与前置机构中做复杂运动的连杆上某一点相连，形成 Ⅱ 型串联机构。

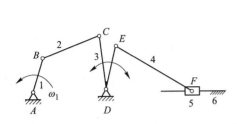

图 2-62　Ⅰ型串联

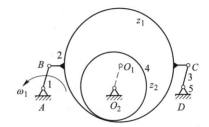

图 2-63　Ⅱ型串联

1，3—曲柄；2—连杆；4—外齿轮；5—机架

在对基本机构进行串联组合时，需熟悉每种机构的特点和运动规律，分析各基本机构在什么条件下适合做前置机构，在什么场合下适合做后置机构，然后再进行具体的组合。

　　B　串联式机构的组合应用分析

前置机构为连杆机构时，其输出构件可以是连架杆，能实现往复摆动、往复移动、等速或变速转动等输出，可具有急回特性等；输出构件也可为连杆，利用连杆的刚体导引性质、连杆上某点的轨迹特性等。常采用的后置机构可以是连杆机构，可利用杠杆原理，确定合适的铰接位置，在机构传动角不减小的情况下，实现增力或增程的功能；也可利用变速运动输入，获得等速运动输出；或利用特殊的轨迹实现特殊运动规律。后置机构若是凸轮机构，则可获得变速凸轮、移动凸轮及获得更复杂的运动规律等。后置机构若为齿轮机构，可以实现增程、增速等特殊要求的功能。后置机构还可以为间歇运动机构（若为槽轮机构，可减小槽轮速度波动；若为棘轮机构，可拨动棘轮机构的运动）、螺旋机构等。

图 2-64 所示的连杆齿轮齿条机构中，前置机构为曲柄滑块机构 ABC，后置机构为齿轮齿条机构。其中齿轮 3 空套在 C 点的销轴上，它与两个齿条同时啮合。当曲柄 1 转动一周，推动齿轮 3 与齿条啮合传动，上面的齿条 4 固定，下面的齿条 5 做水平移动，其行程 $H = 4R$，将曲柄滑块机构的输出行程扩大了一倍，实现增程功能。该机构用于印刷机械中。

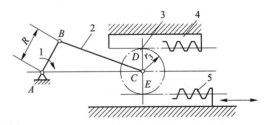

图 2-64　曲柄连杆齿轮齿条机构

1—主动曲柄；2—连杆；3—齿轮；

4—固定齿条；5—移动齿条

图 2-65 所示的双曲柄槽轮机构。前置机构采用双曲柄机构，后置机构为槽轮机构。槽轮机构的主动拨盘固连在双曲柄机构 $ABCD$ 的从动曲柄 CD 上，对其进行尺寸综合，使从动曲柄 E 点的速度变化能够中和槽轮的转速变化，实现槽轮的近似等速转位，从而改善输出构件的动力特性。

前置机构为凸轮机构时，若凸轮为主动构件，虽然能够输出任意运动规律，但因行程受机构压力角的限制不能太大，此时若串联后置机构，则可以实现增程、增力，又能满足

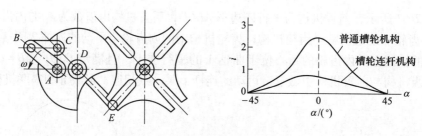

图 2-65　双曲柄槽轮串联组合机构

特殊运动规律的要求。对于凸轮倒置机构，则可以利用机构中浮动构件的特殊轨迹串联后置机构，实现更复杂的运动规律要求。

图 2-66 所示为一凸轮连杆串联组合增力机构。其中前置机构为凸轮 2、摆杆 3 与机架组成的凸轮机构，摆杆 3、连杆 5 和滑块 1 组成肘杆机构。合理设计凸轮轮廓，使其有利于连杆 5 的传力，达到增力的效果。

图 2-67 所示为香烟包装机的推烟机构采用的齿轮连杆行程放大机构，摆杆凸轮机构（构件 1、2）的行程较小，因此采用了串联组合机构，后置机构为齿轮连杆机构（构件 2、3、4、5）将行程放大，这样机构在凸轮 1 的驱动下，推板 5 往复移动，将香烟推到包装位置。

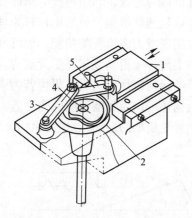

图 2-66　凸轮连杆串联组合增力机构

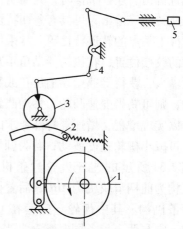

图 2-67　齿轮连杆行程放大机构

前置机构为齿轮机构时，对于输入输出构件均为齿轮的齿轮机构，其后置机构可以是连杆机构、凸轮机构、齿轮机构或其他机构。其功能主要是减速、增速等。对于齿轮倒置机构，一般是利用浮动构件行星齿轮的特殊轨迹，串联后置机构获得特殊的运动要求。

前置机构为其他机构，常用的为非圆齿轮机构、间歇运动机构、挠性件传动机构等。串联后的机构可以实现特殊要求的运动规律，或可改善后置机构输出构件的动力特性。

多级串联组合指 3 个或 3 个以上基本机构的串联（如图 2-68 所示的冲压机机构和自动上料机构），串联后的机构可以实现工作要求的运动规律，又可以实现增程等多种功能。**在满足运动要求的前提下，运动链尽量短。**串联组合系统的总机械效率等于各机构的机械效率连乘积，运动链过长会降低系统的机械效率，同时也会导致传动误差的增大。在进行机构的串联组合时应力求运动链最短。

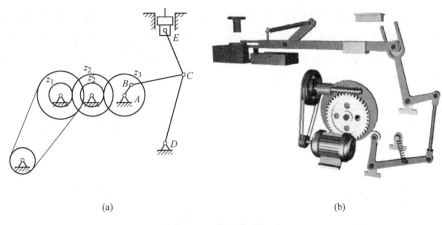

(a)　　　　　　　　　　　　　　　　(b)

图 2-68　多级串联组合

（a）冲压机机构；（b）自动上料机构

2.3.2.2　机构并联组合方法

A　并联组合基本概念与形式

两个或多个单自由度的基本机构输入（或输出）构件连接在一起，保留各自的输出（或输入）运动；或有共同的输入构件与输出构件的连接，称为机构的并联式组合。机构并联组合的目的主要是实现机构的平衡，改善机构的动力性能，有时也用于实现复杂的需要相互配合的运动的分解或运动的合成。

根据并联机构输入与输出特性的不同，分为三种并联组合方法：各机构有共同的输入运动和共同的输出运动的连接方式，称为Ⅰ型并联；各机构有各自的输入件，保留相同输出运动的连接方式，称为Ⅱ型并联；各机构有共同的输入件，保留各自的输出运动的连接方式，称为Ⅲ型并联；如图 2-69 所示。

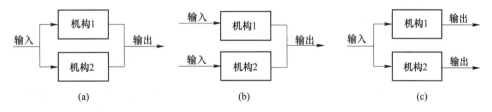

(a)　　　　　　　　　　(b)　　　　　　　　　　(c)

图 2-69　机构的并联组合

（a）Ⅰ型并联；（b）Ⅱ型并联；（c）Ⅲ型并联

B　并联式机构的组合应用分析

（1）Ⅰ型并联组合又称为并列式并联组合，并联的两个基本机构的类型、尺寸相同，对称布置。它主要用于改善机构的受力状态、动力特性、自身的动平衡、运动中的死点以及输出运动的可靠性等问题。并联的两个基本机构常采用连杆机构或齿轮机构，它们共同的输入或输出构件一般是两个基本机构共用的，也可以在机构串联组合的基础上再进行并联式组合。

图 2-70 所示为压力机的螺旋连杆机构的并联组合。其中两个尺寸相同的双滑块机构 *ABP* 和 *CBP* 并联组合，并且两个滑块同时与输入构件 1 组成导程相同、旋向相反的螺旋副。输入

构件 1 旋转，使滑块 A 和 C 同时向内或向外移动，从而使构件 2 沿导路上下移动，完成加压功能。由于并联组合，使构件 2 沿导路移动时，滑块与导路之间几乎没有摩擦阻力。

图 2-71 所示的铁路机车车轮的两套曲柄滑块机构的并联组合，它利用错位排列的两套曲柄滑块机构使车轮通过死点位置。

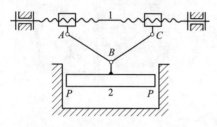

图 2-70　螺旋连杆机构的并联组合

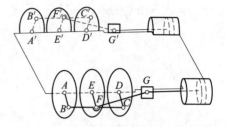

图 2-71　机车驱动轮联动机构

（2）Ⅱ型并联组合又称为合成式并联组合，并联的两个基本机构最终将运动合成，完成较复杂的运动规律或轨迹要求。两个基本机构可以是不同类型的机构，也可以是相同类型的机构。其工作原理是两基本机构的输出运动互相影响或作用，产生新的运动规律或轨迹，以满足机构的工作要求。

图 2-72 所示为一大筛机构中的并联组合，原动件分别为曲柄 1 和凸轮 7，基本机构为连杆机构（构件 1-2-3-4-5-8）和凸轮机构（构件 6-7-8），其中 8 为机架，两机构并联，合成生成滑块 5（大筛）的输出运动。

图 2-73 所示为缝纫机送布机构（构件 1-2-3-4-5），原动件分别为凸轮 1 和摇杆 4，基本机构为凸轮机构和连杆机构，两机构并联，合成送布牙 3 的平面复合运动。

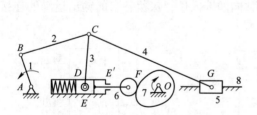

图 2-72　大筛机构中的并联组合

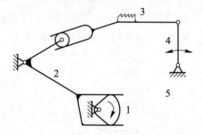

图 2-73　缝纫机送布机构中的并联组合

（3）Ⅲ型并联组合又称为时序式并联组合，要求输出的运动或动作严格符合一定的时序关系。它一般是同一个输入构件，通过两个基本机构的并联，分解成两个不同的输出，并且这两个输出运动具有一定的运动或动作的协调。

图 2-74 所示为某冲压机构，齿轮机构（1-2）先与凸轮机构（2-3，2-6）串联，凸轮左侧驱动一摆杆 3，带动送料推杆 4；凸轮右侧驱动连杆（6-8），带动冲压头（滑块 9），实现冲压动作。两条驱动路线分别实现送料和冲压，动作协调配合，共同完成工作。

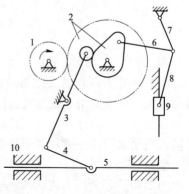

图 2-74　冲压机构中的并联组合

2.3.2.3 机构叠加组合方法

A 叠加组合基本概念与形式

机构叠加组合是指在一个基本机构的可动构件上再安装一个及以上基本机构的组合方式。把支承其他机构的基本机构称为基础机构，安装在基础机构可动构件上的机构称为附加机构。这种机构组合的主要功能是使末端输出构件实现复杂的工艺动作。设计的主要问题是根据所要求的运动或动作如何选择各基本机构的类型，以及如何解决各输入运动的控制。一般常将各基本机构设计成单自由度，这样可以使机构运动的输入输出形式简单、容易控制。

机构叠加组合有两种形式，一种是各基本机构的运动关系是相对独立的，两个基本机构间的共用构件只有一个，称为单联式（或运动独立式）；另一种是两个基本机构之间的共用构件不止一个，被叠加机构之间的运动不是完全独立的，机构与机构之间的运动有一定的相互联系，称为双联式（或运动相关式）。叠加组合机构的类型如图 2-75 所示。

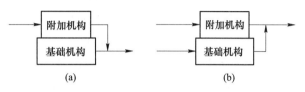

图 2-75　叠加组合机构类型
(a) Ⅰ型叠加；(b) Ⅱ型叠加

B 叠加式机构的组合应用分析

a 单联式叠加组合形式

图 2-76 所示为一液压挖掘机工作装置叠加式组合机构，它由 3 套液压摆缸机构叠加组合而成。以挖掘机的机身 1 为机架的液压摆缸机构 1-2-3-4，输出构件是大转臂 4，该基本机构的运动可使大转臂 4 实现俯仰动作。液压摆缸机构 4-5-6-7，安装在构件 4 上，该机构输出构件是小转臂 7，其运动导致小转臂实现伸缩、摇摆。由 7-8-9-10 组成的液压摆缸机构，安装在构架 7 上，最终使铲斗 10 完成复杂的挖掘动作。该机构具有 3 个自由度，3 个输入构件分别是液缸 3、4 和 5。

单联式叠加组合机构的典型应用还有户外摄影车升降平台机构，如图 2-77 所示。

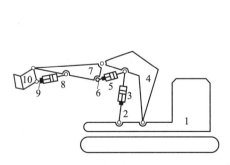

图 2-76　液压挖掘机工作装置叠加式组合机构

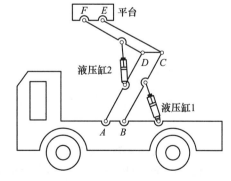

图 2-77　户外摄影车升降平台机构的叠加组合

b 互联式叠加组合形式

图 2-78 为电风扇摇头机构。该机构中蜗杆机构安装在双摇杆机构的运动构件摇杆上，

同时蜗杆机构中的蜗轮与双摇杆机构中的连杆固连。当电动
机带动电扇转动时，通过蜗杆蜗轮机构使双摇杆机构中安装
有蜗杆的连架杆摆动，从而实现了电扇的摇头。由于两个基
本机构中除安装构件共用外，还有两个构件并接，所以该组
合机构具有 1 个自由度，只需要 1 个输入构件，就可使机构
具有确定运动。

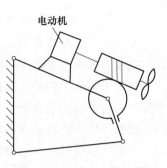

图 2-78　摇头电风扇机构
中的叠加组合

2.3.2.4　复合式机构组合方法

A　复合式机构组合基概念与形式

复合式机构组合是指以二自由度的机构为基础机构如差
动齿轮机构、五连杆机构等，单自由度的机构为附加机构如齿轮机构、凸轮机构、连杆机
构等，再将两个机构中某些构件并接在一起，组成一个单自由度的组合机构。一般是不同
类型基本机构的组合，并且各种基本机构融为一体，成为一种新机构，主要功能是实现比
较特殊的运动规律，如停歇、逆转、加速、减速、前进、倒退以及增力、增程等。

复合式机构组合的基础机构的两个输入运动，一个来自机构的主动构件，另一个则来
自附加机构。来自附加机构的输入有两种情况：一种是通过与附加机构的构件并接，称构
件并接复合式组合；另一种是通过附加机构的回接，称机构回接复合式组合，如图 2-79
所示。

B　复合式机构组合应用分析

a　构件并接复合式组合

图 2-80 所示为凸轮-行星机构，其中基础机构为差动轮系 3-4-5，附加机构为凸轮机构
1-2，凸轮机构的从动杆 2 和基础机构中做平面运动的行星齿轮 3 并接在一起，2 的摆动中
心和 3 的回转中心重合。当基础机构的系杆 4 为主动件以等角速度转动时，输出构件齿轮
5 则因凸轮的轮廓曲线变化可获得极其多样化的运动规律。

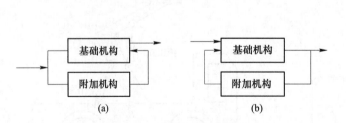

图 2-79　复合式机构组合
（a）构件并接复合式；（b）机构回接复合式

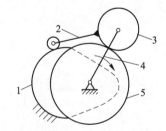

图 2-80　凸轮-行星机构

其他构件并接复合组合机构还有如图 2-81 所示的齿轮-连杆机构，基础机构为差动轮
系机构，附加机构为曲柄滑块机构，两个机构复合后使基础机构中的齿轮 1 获得所需的转
速。图 2-82 所示的凸轮-连杆机构，基础机构为五杆机构，附加机构为凸轮机构，两个机

构复合后可以使基础机构中的滑块 D 在不增大凸轮压力角的同时增大输出行程。

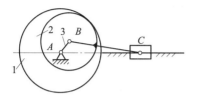

图 2-81 齿轮-连杆机构

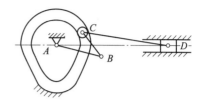

图 2-82 凸轮-连杆机构

b 机构回接复合式组合

回接复合式的组合方式为基础机构与附加机构中两个连架杆并接,附加机构中另一个连架杆负责把运动回接到基础机构中做复杂运动的构件中去。

图 2-83 所示为蜗杆-凸轮机构。基础机构为蜗杆机构,附加机构为凸轮机构,附加机构的从动杆回接到基础机构的主动构件蜗杆上。工作中蜗杆 1 转动,从而使蜗轮以及与蜗轮并接的凸轮实现转动;凸轮的转动又使蜗杆实现往复移动,蜗杆转动和移动的合成从而使蜗轮 2 的转速根据蜗杆的移动方向而增加或减小。该组合机构成功应用于齿轮加工机床上作为传动误差补偿机构。

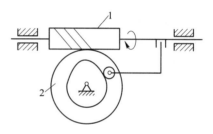

图 2-83 蜗杆-凸轮机构

2.3.2.5 混合组合

机构的混合组合是指联合使用上述组合方法。如串联组合后再并联组合,并联组合后再串联组合,串联组合后再叠加组合等。图 2-84 所示的冲压机构(凸轮机构 1-2、凸轮机构 1-3 和连杆机构 3-4-5 混合组合构成)、图 2-85 所示的小型压力机机构(齿轮机构 1-6、连杆机构 1-2-3-4-7-8 和凸轮机构 6-4 混合组合)和图 2-86 所示的机械手机构中都存在着混合组合。

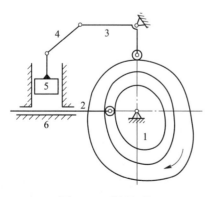

图 2-84 冲压机构

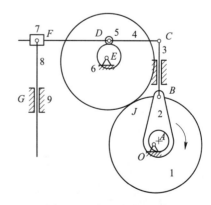

图 2-85 小型压力机机构

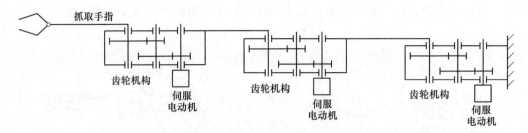

图 2-86　机械手机构

思　考　题

2-1　什么是运动副，运动副是如何分类的？

2-2　电动冲击钻是一种常用的电动五金工具，主要用于坚硬而脆性较大的材料如石材、水泥墙、瓷砖等的钻孔。在工作中除钻削外，还应有一定的冲击力才能顺利的钻出孔来。带动钻头旋转的方式主要由电动机通过齿轮传动系统完成，采用不同的机构创新设计实现钻头的冲击运动方案。

2-3　利用教育机器人创新平台完成机构的创新设计制作。机构创新设计制作要求与方法如表 2-3 所示。

表 2-3　机构创新设计制作要求与方法

制作内容	制作要求	制作方法	制作成果
机构创新设计制作	（1）了解机构的基本组成； （2）进行不同平面机构的组装制作； （3）进行初步的创新机构的设计	（1）学习机构创新的基本知识； （2）进行不同平面机构的组合组装制作； （3）进行命题动作的机构方案创新设计与制作； （4）通过先进生产前沿和网络查询一个产品的创新开发和应用情况	（1）提供命题动作机构制作照片和运动视频； （2）提供产品的创新开发和应用情况调研报告

命题动作：工业机器人是用于生产加工过程的多自由度机械手，是自动执行工作的机器装置。利用教育机器人创新平台完成不同机械手的机构创新制作，可以完成工件的抓取、分拣、或立体仓库物件的存储等。

3 机械结构创新设计

机械结构设计是将确定的原理方案设计结构化，即把机构系统转化为机械实体，这一过程需要确定机构中零件的形状、尺寸、材料、加工方法、装配方法等。机械结构设计不但要使零部件的形状和尺寸满足原理方案的功能要求，还需要解决与零部件结构有关的力学、工艺、材料、装配、使用、美观、成本、安全和环保等一系列问题。机械结构设计时，需根据各种零部件的具体结构功能构造它们的形状，确定其位置、数量、连接方式等结构要素。

在机械结构创新设计的过程中，设计者不但要掌握各种机械零部件实现其功能的工作原理，提高其工作性能的方法与措施，以及常规的设计方法，还应该根据实际情况善于运用组合、分解、移植、变异、类比等创新设计方法，追求结构的创新，获得更好的功能和工作特性，才能更好地设计出具有市场竞争力的产品。

3.1 机械结构设计与表达

3.1.1 机械结构设计特点

机械结构设计的主要特点有：

（1）它是集思考、绘图、计算（有时进行必要的实验）于一体的设计过程，是机械设计中涉及的问题最多、最具体、工作量最大的工作阶段，在整个机械设计过程中，平均约80%的时间用于结构设计，对机械设计的成败起着举足轻重的作用。

（2）机械结构设计问题的多解性，即满足同一设计要求的机械结构并不是唯一的。如图3-1所示，利用杠杆原理实现抓取要求的机械手，可以有多种结构方案。图3-1（a）、（b）所示为滑槽杠杆式抓取机构，图3-1（c）、（d）所示为连杆杠杆式抓取机构。

（3）机械结构设计阶段是一个很活跃的设计环节，常常需反复交叉地进行。为此，在进行机械结构设计时，必须从机器的整体出发了解对机械结构的基本要求。

3.1.2 机械结构件的几何要素

机械结构的功能主要是靠机械零部件的几何形状及各个零部件之间的相对位置关系实现的。零部件的几何形状由它的表面所构成，一个零件通常有多个表面，在这些表面中有的与其他零部件表面直接接触，把这一部分表面称为功能表面。在功能表面之间的连接部分称为连接表面。

零件的功能表面是决定机械功能的重要因素，功能表面的设计是零部件结构设计的核心问题。描述功能表面的主要几何参数有表面的几何形状、尺寸大小、表面数量、位置、顺序等。通过对功能表面的变异设计，可以得到为实现同一技术功能的多种结构方案，如图3-2所示滑轨结构。

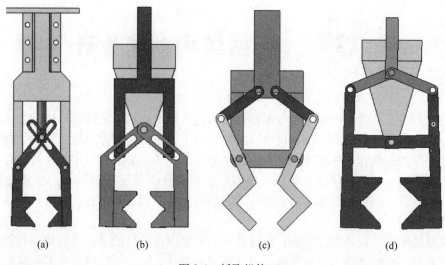

(a)   (b)   (c)   (d)

图 3-1 抓取机构

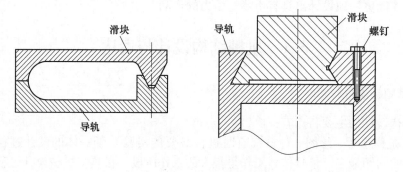

图 3-2 棱柱面滑动导轨结构

3.1.3 机械结构设计的步骤

机械结构设计的目的是机械方案的具体化,其设计步骤如下:

(1)明确设计要求。设计要求包括机械结构所需要完成的功能要求(如传动功率、流量、工作行程等),机械结构的使用要求(如结构的强度、刚度和稳定性等),结构的工艺性和经济性要求(如选合适的毛坯、结构形状便于加工等)。

(2)实现主要功能的方案设计。根据该结构需要实现的主要功能进行方案设计。一般应有多个方案,通过评估比较后,选择 1~2 个方案进行进一步的设计。

(3)对关键功能部件进行初步结构设计。关键功能部件是指实现结构主要功能的构件,比如减速箱的轴和齿轮。在结构设计时,应首先对关键功能零部件进行初步设计,即确定其主要的形状、尺寸,如轴的最小直径、齿轮的直径等,并按比例初步绘制结构设计草图。一般应设计多个结构方案,以便进行比较优选,必要时需要进行一定的实验测验或仿真分析。

(4)对辅助部件进行初步结构设计。如减速箱的设计中对轴的支撑、密封、润滑等装置进行初步设计，确定其主要形状、尺寸，以保证关键功能部件正常工作。设计中应尽可能选择标准件、通用件。

（5）对设计方案进行综合评价。对多个初步结构设计方案的可行性和经济性进行综合评价，选择满足功能要求、性能良好、结构简单和成本较低的较优方案。如发现问题，则需重新进行设计。

（6）零部件结构详细设计。根据国家相关标准、规范，完成所有零部件的详细设计，绘制零部件工作图。

（7）完成总体结构设计图。结构设计的最终设计结果是能清楚地表达产品的结构形状、尺寸、位置关系、材料和热处理等各要素和细节，体现设计的意图。在此过程中应进一步检查结构功能、空间相容性等方面的问题，并注意结构工艺性设计，进一步优化结构。

机械结构设计流程如图 3-3 所示。

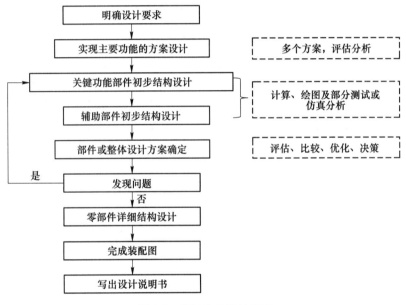

图 3-3　机械结构设计流程

3.2　机械结构方案设计的技巧

机械的原理方案确定后，进行结构设计有两个主要步骤：一是结构方案设计，即为了实现某一原理方案可以采用多种结构方案；二是由这些方案中选定最优方案。第一阶段要尽可能多地思考有可能实现原理方案的各种结构。开阔思路、制定结构设计方案常用的一些技巧如下。

3.2.1　利用形态变换的方法制定结构方案

变换机构结构本身的形态——形状、位置、数目、尺寸，可以得到不同的结构方案。

（1）形状变换。改变零件的形状，特别是改变零件工作表面的形状而得到不同的结构形式。如将直齿圆柱齿轮改为斜齿圆柱齿轮，圆柱面过盈连接的轴与轮毂改成型面连接等都属于形状变换（如图3-4所示）。

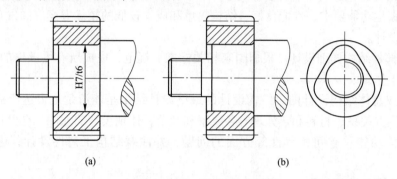

(a)　　　　　　　　　　　　　　(b)

图3-4　轴与轮毂的连接

（a）圆柱面过盈连接的轴与轮毂；（b）轴与轮毂非圆形截面的柱体型面连接

（2）位置变换。图3-5所示推杆2与摆杆1的接触面为一球面，如图3-5（a）所示球面在推杆2上，若变换为如图3-5（b）所示的球面在摆杆1上，则可以避免推杆2受横向推力的作用。图3-6所示为V形滑动导轨，如图（a）所示，下方为凸形，上方为凹形，若变换为图（b）所示，上方为凸形，下方为凹形，则可以改善导轨的润滑。类似的通过位置变换改善结构的方案还有很多，需要在进行结构设计时拓展思路，进行分析对比。

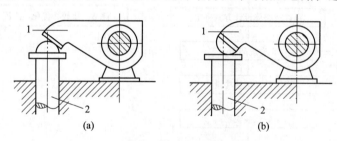

(a)　　　　　　　　　　　　　　(b)

图3-5　摆杆与推杆的球面位置变换

（a）较差；（b）较好

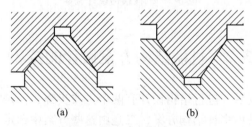

(a)　　　　　　　　(b)

图3-6　滑动导轨位置变换

（a）较差；（b）较好

（3）数目变换。变换零件数目或有关几何形状的数目。如图3-7所示，轴与轮毂间的连接平键改为花键，可以改变其结构；图3-8所示为螺钉头作用面数目的变化，可以改变螺钉头作用面数目使螺钉适用于不同的场合。

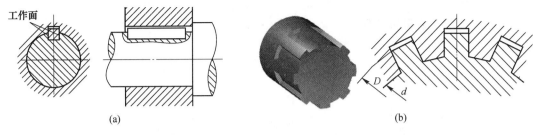

图 3-7 轴与轮毂的连接

（a）平键连接；（b）花键连接

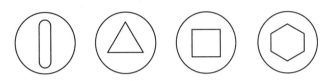

图 3-8 螺钉头作用面数目的变换

（4）尺寸变换。即改变零件或表面的尺寸，使之增大或减小而产生形态变化。如图 2-58 所示，改变转动副的尺寸使曲柄摇杆机构转换为偏心轮机构。

以机械传动中的带传动为例经过不同的变换可以得到不同的结构方案：

1）形状变换：平带、V 带、圆带、同步齿形带等；

2）位置变换：开口带传动、交叉带传动、半交叉带传动等；

3）数目变换：带的根数、同步齿形带的齿数；

4）尺寸变换：V 带的断面型号、同步齿形带的模数；

5）形状变换：如加工平面的、圆柱面的或各种曲面的等；

6）位置变换：龙门刨床和牛头刨床，通过工件动、刀具固定，或者工件固定、刀具动而得到位置变换；

7）数目变换：铣削刀具刃口数目的变换；

8）尺寸变换：各种尺寸系列的机床。

1）~4）的各种变换不仅可用于零部件的结构设计，而且可以用于机器整体方案设计。例如机加工用的各种机床形式可以看作通过以上变换得到的。

3.2.2 由机械结构中的相互关系变换而制定结构方案

在机械结构中，各种零件之间的关系可以归为三种，即静止件与静止件或无相对运动的零件（或静连接，如螺栓连接、铆接、焊接等）；静止件与运动件，如轴、轴承、导轨；运动件与运动件，如齿轮、连杆、凸轮。

（1）运动形式的变换。机械的零件或部件的运动方式主要有平移运动、回转运动和一般运动。对于某一工作要求，可以采用不同的运动形式实现，因而可以设计出多种不同的结构方案。如窗户的开合常用的就有回转（内平开窗、外平开窗、悬窗等）和平移（推拉窗）两种运动方式，如图 3-9 所示。

（2）结合方式的变换。对于静止件与运动件之间的相互关系称为结合方式，常采用的是相互滑动或相互滚动，如滑动轴承和滚动轴承、滑动导轨和滚动导轨、尖顶从动件凸轮

图 3-9 窗户不同的开合方式

（a）内平开窗；（b）内平开窗—内侧；（c）推拉窗；（d）外平开窗；（e）悬窗；（f）内倒窗

机构和带滚子从动件凸轮机构（如图 3-10 所示）。此外还可采用空气垫或油膜隔开运动物体表面，磁场也可以作为分隔运动零件相对运动表面的手段（磁力轴承或导轨）。

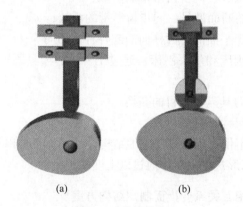

图 3-10 凸轮机构

（a）尖顶从动件凸轮机构；（b）滚子从动件凸轮机构

　　（3）锁合的变换。两个互相连接的零件可以利用不同的原理使它们连接起来，即称为锁合，常用的锁合原理有力锁合、形状锁合（几何封闭）和材料锁合三种。力锁合是靠两零件结合面之间的摩擦力、附加零件产生的摩擦力或零件自身重力（图 3-10 所示凸轮机构从动件与凸轮间靠从动件重力连接）、外加弹簧力（如图 2-29、图 2-30 所示）把两个零件连接起来。形状锁合又称为几何封闭，利用零件的几何形状把两个零件连接起来，如螺纹连接、键连接、销连接，图 2-32 所示为利用凸轮的凹槽实现形状锁合。材料锁合一般实现两零件间不可拆卸的连接，如焊接、胶黏结等。

（4）工作原理的变换。各种机械结构必须按照某一或某些物理（化学、生物等）原理来实现某些要求的功能。

实现机械传动的物理原理，常用的有：

1）依靠传动件的几何形状传动，如齿轮、凸轮、连杆、螺杆、链传动、同步带传动等；

2）依靠传动件间的摩擦力传动，如带传动、摩擦轮等；

3）依靠中间流动介质传动，如空气、液体等；

4）依靠电场或磁场作用，如电磁铁、磁悬浮导轨等；

5）依靠某些物质在电、热、力等物理参量的作用下，尺寸的改变，常用于测量用的敏感元件，也可以作为控制元件如光敏传感器、磁敏传感器等。

依照上述的每一种物理原理，都可以设计出多种不同的结构，如一个要求能上下运动的工作台，根据不同的工作原理可以列出各种方案，如图 3-11 所示。这些方案都是依靠传动杆的几何形状传动的，可以适用于不同的情况。（a）采用螺旋、斜面推动工作台上升，需要的推力大，可精细调节，但上升行程很小。（b）采用凸轮机构实现传动，（c）使用连杆机构，都可实现快速上下运动，但是行程都较小。其中凸轮机构具有能够实现要求的预定运动规律的优点。但是传动零件间为高副（线接触）连接，故不适用于较大载荷情况。（d）为齿轮齿条传动，（e）为丝杠螺旋传动，二者都可以传递较大的力，但由于齿轮齿条和丝杠传动稳定性要求，适用于行程不能过大的场合。（f）为钢丝绳吊起工作台的方案，起重量大，行程可以很大，但结构庞大，且对钢丝绳的性能要求较高。除以上方案外，还可以采用液压传动、气压传动或电磁铁等不同原理的结构，实现工作台的上下运动。

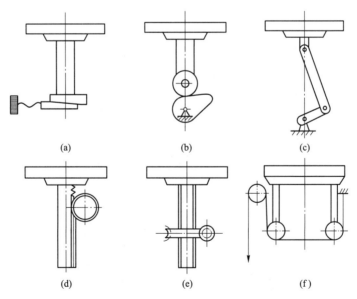

（a）　　　　　　　（b）　　　　　　　（c）

（d）　　　　　　　（e）　　　　　　　（f）

图 3-11　工作台上下运动的各种结构方案

3.3　机械结构设计基本准则

机械设计的最终结果需要以一定的结构形式进行表现，按所设计的结构进行加工、装配，制造成最终的产品。因此，机械结构设计应满足产品的多方面要求，其基本要求有功能、可靠性、工艺性、经济性和外观造型等方面的要求。此外，还应改善零件的受力，提高强度、刚度、精度和寿命。机械结构设计是一项综合性的技术工作。由于结构设计的错误或不合理，可能造成零部件不应有的失效，使机器达不到设计精度的要求，给装配和维修带来极大的不便。机械结构设计中应考虑以下的结构设计准则：

（1）满足**功能要求**的设计准则；

（2）满足**结构设计**的力学准则；

（3）满足**工艺性要求**的设计准则；

（4）满足**人机学要求**的设计准则；

（5）考虑**维护修理**的设计准则；

（6）考虑**造型**设计的准则；

（7）考虑**经济性和绿色环保要求**的设计准则。

3.3.1　满足功能要求的设计准则

产品的结构设计主要目的是为了实现预定的功能要求，功能要求是结构设计的主要依据和必须满足的要求。各种零部件的主要功能为承受载荷、传递运动和动力，以及保证或保持有关零件或部件之间的相对位置或运动轨迹等。结构设计是要根据其在机器中的功能和与其他零部件相互的连接关系，确定参数尺寸和结构形状，设计的结构应能满足从机器整体考虑对它的功能要求。结构设计中常采用功能合理分配、功能集中和功能移植等完成零件的结构功能设计。

（1）功能合理分配：产品设计时，根据具体情况，通常有必要将任务进行合理的分配，即将一个功能分解为多个分功能。每个分功能都要有确定的结构承担，各部分结构之间应具有合理、协调的联系，以达到总功能的实现。多结构零件承担同一功能可以减轻零件负担，延长使用寿命。V 型带的截面结构（如图 3-12 所示）是功能合理分配的一个例子。纤维绳 1 用来承受拉力；橡胶填充层 2 和 3 承受带弯曲时的拉伸和压缩；包布层 4 与带轮轮槽作用，产生传动所需的摩擦力。例如，若只靠螺栓预紧产生的摩擦力来承受横向载荷时，会使螺栓的尺寸过大，此时可增加抗剪元件，如销、套筒和键等，以分担横向载荷来解决这一问题，如图 3-13 所示。

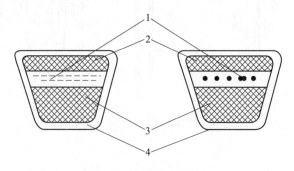

图 3-12　V 型带截面结构

（2）功能集中：零件功能集中是由一个零件或部件承担多个功能。这样可简化机械产

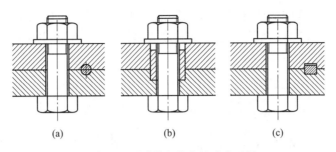

图 3-13 承受横向载荷的减载零件

（a）减载销；（b）减载套筒；（c）减载键

品的结构，简化制造过程，减少材料消耗，降低加工成本，便于安装。例如我们生产生活中常见的螺钉，其主要功能为实现不同零件间的连接，但是为了方便安装，螺钉尾部可以设计成有自攻自钻功能的尾部结构，将螺纹和钻头的结构组合在一起，如图 3-14 所示。图 3-15 所示的多合一功能的组合螺钉是外六角与十字槽的组合式螺钉头、法兰和锯齿的组合，不仅实现了支撑功能，还可以提高连接强度，并且具有防止松动的功能，组合式螺钉头能适用两种扳拧工具，方便操作，提高了装配效率。

图 3-14 自攻自钻螺钉尾部结构　　　　图 3-15 多合一功能组合螺钉

V 带传动可以通过增加带的根数提高其承载能力，如图 3-16（a）所示，但是随着带的根数增加，带与带之间的载荷分布不均加剧，使多根带不能充分发挥作用。图 3-16（b）所示的多楔带将多根带集成在一起，提高了承载能力。

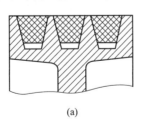
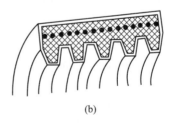

图 3-16 多根 V 带与多楔带

（a）多根带；（b）多楔带

还有许多零件本身就具有多种功能，如花键既具有静连接又具有动连接的功能；摩擦型带传动传递摩擦力的同时，还能通过过载打滑起到对后续装置的保护作用等。

功能集中会使零件的形状更加复杂，但需要有度，否则反而影响加工工艺，增加加工成本，设计时应根据具体情况而定。

（3）功能移植：零件功能移植是指相同的或相似的结构可实现完全不同的功能。例如，齿轮啮合常用于传动，如果将啮合功能移植到联轴器，则产生齿式联轴器，同样的还有滚子链联轴器，如图 3-17 所示。

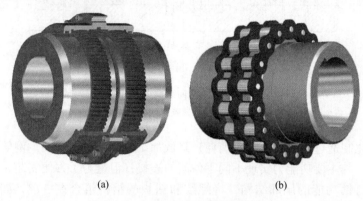

（a）　　　　　　　　　　（b）

图 3-17　齿式联轴器和滚子链联轴器
（a）齿式联轴器；（b）滚子链联轴器

蜗杆传动是传递运动和动力的传动机构，但是当蜗杆的螺旋线导程角小于啮合面的当量摩擦角时，蜗杆传动就具有自锁性。图 3-18 所示为一种将蜗杆自锁功能移植的连接软管用的卡箍。卡圈（相当于蜗轮）与蜗杆啮合，拧动蜗杆使得与其啮合的环状卡圈走齿（收紧），致使软管被箍紧在与其连接的刚性管接头上。这种功能移植的创新结构锁紧效果十分显著，广泛用于管道连接与维修。

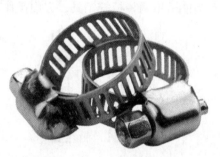

图 3-18　功能移植设计的卡箍

3.3.2　满足结构设计的力学准则

结构设计中着重强调结构的合理受力，以提高结构的强度、刚度和寿命。由于结构设计中的力学设计错误或不合理，可能造成零部件过早失效，使机器达不到设计精度的要求。因此，预防零部件过早失效，需要在结构设计中注意下述基本的力学准则。

3.3.2.1　均匀受载准则

结构设计时应考虑在实际的载荷工况下，使结构各部分材料受力均匀，这样可以最大程度提高材料利用率。基于这一基本原理的满应力准则是结构优化设计中常用的准则，其基本设计思路为：结构中各构件至少在一种工况下达到其许用应力。如图 3-19 所示的七杆桁架结构中，各杆均由相同的材料制成，已知材料的

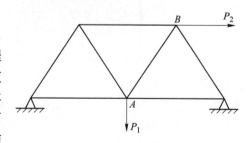

图 3-19　桁架结构满应力设计

许用拉伸应力和许用压缩应力。有两种工况，一是在 A 点受到垂直向下的载荷 P_1 作用，二是在 B 点受到水平向右的拉力 P_2 作用。若对该桁架进行满应力设计，则需要满足其中每一根杆件至少在一种工况下达到材料的许用应力，从而可以确定各杆的最小截面积，使结

构在满足强度条件下，达到材料的最大利用率，即得到结构质量最小的设计。

工程中对近似满足满应力准则的构件称为等强度结构，零件截面尺寸的变化应与其内应力变化相适应，使各截面的强度相等。按等强度原理设计的结构，材料可以得到充分的利用，从而减轻重量、降低成本。图 3-20 所示为几种常见的等强度结构，如悬臂支架、阶梯轴的设计等。

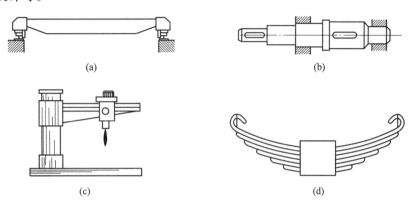

图 3-20　等强度结构

（a）桥式起重机主梁；（b）阶梯轴；（c）台钻横臂；（d）汽车板簧

对于连接件的结构设计，主要在于合理地确定连接接合面的几何形状和连接零件的布置形式，力求使其受力均匀，便于加工装配。以螺栓组连接为例，为保证连接接合面受力均匀，通常连接接合面的几何形状设计为轴对称的简单几何形状，也便于加工制造，如图 3-21 所示。

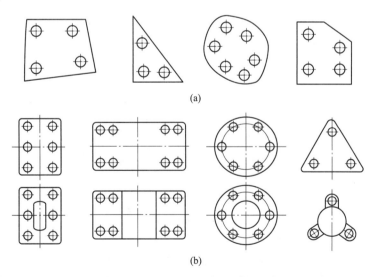

图 3-21　连接接合面的几何形状

（a）不合理的几何形状；（b）合理的几何形状

3.3.2.2　力流路径最短准则

承载构件中，为了直观地表示力在机械构件中传递的状态，可以将力看作犹如水在构件中沿传递路线流动,力的传递路线称为力流。力流在构件中不会中断,任何一条力线都不会突然消失,必然是从一处传入,从另一处传出。力流路径越短,则结构中受力区域越小,结构的累积变形也就越小,刚度就提高。因此,结构设计中应尽可能保证按力流最短路线来设计零件的形状,减少承载区域,使累积变形减小,提高整个构件的刚度。图 3-22 所示的结构支撑中,从左到右,力流路径依次增长,结构的支撑刚度依次减小。

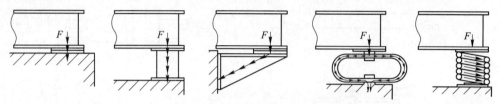

图 3-22   结构支撑刚度随力流路径增大而减小

3.3.2.3   减小受力及应力集中准则

在结构设计时,采取改变受力情况和零件的位置等措施,达到减轻零件受到的载荷,提高其强度的目的。合理改变零件的结构可以减小载荷,如图 3-23 所示的滑轮轴,图(a)轮毂长,支撑跨距大,轴中间位置弯矩最大;图(b)将轴-毂配合分为两段,轮毂短,支撑跨距减小,同样载荷下轴受的弯矩减小,且载荷分布更合理。

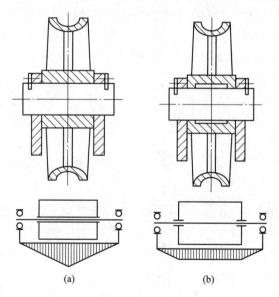

(a)   (b)

图 3-23   滑轮轴的结构

结构设计中合理布置零件的位置,可以改善零件的受力,图 3-24 所示的轴上装有三个传动轮,若把输入轮布置在输出轮一侧,如图(a)所示,则最大转矩为 $T_1 = T_2 + T_3$;若把输入轮布置在两输出轮之间,如图(b)所示,轴的最大转矩为 T_2,有效地减小了轴所受的载荷。

由于功能需要,结构中不可避免会有孔槽、截面变化和缺口等几何特征。这些特征的存在,使结构形状发生变化,当力流方向急剧转折时,力流在转折处会过于密集,从而引

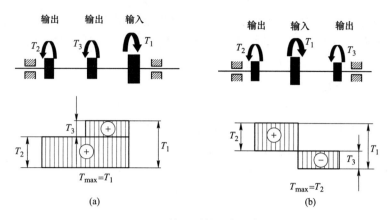

图 3-24 轴上零件的合理布置

(a) 输入轮在输出轮一侧；(b) 输入轮在输出轮之间

起应力集中，设计中应在结构上采取措施，使力流转向平缓。应力集中是影响零件疲劳强度的重要因素。结构设计时，应尽量避免或减小应力集中。如在阶梯轴的结构设计中增大截面过渡圆角、采用卸载结构等，如图 3-25 所示。

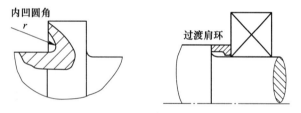

图 3-25 减小轴截面过渡处应力集中的结构

3.3.2.4 载荷平衡结构

在机器工作时，常产生一些无用的力，如惯性力、斜齿轮轴向力等，这些力不但增加了轴和轴承等零件的负荷，降低其精度和寿命，同时也降低了机器的传动效率。所谓载荷平衡就是指采取结构措施，使部分或全部无用力平衡，以减轻或消除其不良的影响。这些结构措施主要采用平衡元件、对称布置等。如图 3-26 所示的蜗杆-锥齿轮传动机构中，在同一根轴Ⅱ上的蜗轮 2 和锥齿轮 3 所产生的轴向力，可通过合理选择蜗轮齿的旋向及螺旋角的大小，使轴向力相互抵消，使轴承负载减小。

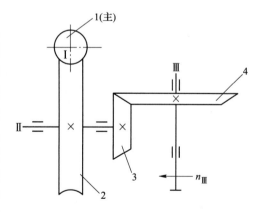

图 3-26 蜗杆-锥齿轮传动机构

1—蜗杆；2—蜗轮；3，4—锥齿轮

3.3.3 满足工艺性要求的设计准则

组成产品的零件应具有良好的结构工艺性，能最经济地制造和装配。产品的成本主要取决于材料和制造费用，因此结构的工艺性与经济性是密切相关的。在结构设计阶段主要考虑以下几个方面：（1）零部件的结构便于加工制造；（2）零部件的结构便于装配和拆卸；（3）合理选择毛坯；（4）方便维护和修理等。

3.3.3.1 零部件的结构便于加工制造

零部件的结构易于加工制造即其具有较好的加工工艺性。在结构设计中应追求零部件的加工制造方便，材料损耗少，效率高，符合质量要求，生产成本低。

在不影响零件使用性能的条件下，在设计时应采用最容易加工的形状。如图 3-27 所示的凸缘结构中，图（a）所示的凸缘结构不便于加工，图（b）所示的结构相对容易加工，可以采用先加工成整圆，切除两边，再加工两端圆弧的方法。

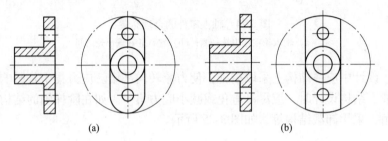

图 3-27　凸缘结构

（a）较差；（b）较好

如上所述的螺栓连接接合面，一般设计为对称的简单几何形状，便于加工制造，且一般分布在同一圆周上的螺栓数目取便于分度的偶数，以便于划线钻孔。如图 3-28（a）所示的螺栓组连接，进行圆形布置时设计成奇数个螺栓，不便于加工时分度。修改设计为如图 3-28（b）所示的偶数个螺栓，才便于分度和加工。

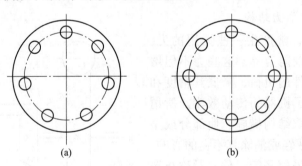

图 3-28　圆形布置的螺栓组数目

（a）较差；（b）较好

复杂薄板零件尽可能地选用组合零件形式，将薄板零件采用铆接、焊接或螺钉连接等方式组合在一起，如图 3-29 所示。这样可以降低零件的复杂程度，方便制造，从而降低生产成本。

零部件结构设计时要考虑减少零件的加工量、提高配合精度，因此设计时尽量减小配合长度。若必须要求很长的配合面，则可将孔的中间部分直径加大，这样可以减少精密加工量，加工方便，如图 3-30 所示。

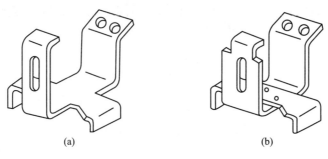

图 3-29　复杂薄板零件结构

（a）整体式结构；（b）组合式结构

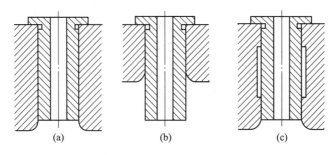

图 3-30　尽量减少配合长度

（a）较差；（b），（c）较好

结构设计中冲切件结构除了便于加工外，还应考虑节约材料，降低成本，可以将零件设计成相互嵌入的形状，如图 3-31 所示。

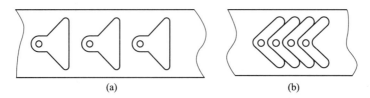

图 3-31　冲切件考虑节约材料的结构对比

（a）较差；（b）较好

对于一些需要加工螺纹或者磨削的部分，在零件结构设计时需要提前留出螺纹加工退刀槽和砂轮越程槽，如图 3-32 所示。

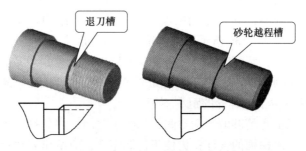

图 3-32　螺纹加工退刀槽和磨削的砂轮越程槽

还有一些方便加工的实例，如轴类零件结构设计时，不同轴段的键槽设计布置在同一直线上，如图 3-33 所示，这样方便一次装夹就能加工。

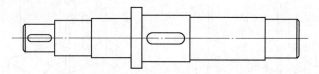

图 3-33　轴类零件键槽布置在同一母线

结构设计中应充分考虑加工方法、批量大小、加工精度、生产设备、造型、生产成本等因素对零部件结构工艺性的影响。由于任何一种加工方法都有不能制造某些结构的零部件，或对加工尺寸有限制，或生产成本很高，或质量受到影响。因此，作为设计者需要认识各种加工方法的特点，以便在设计结构时尽可能地扬长避短。

3.3.3.2　零部件的结构便于装配和拆卸

零部件加工好后，需要经过装配才能成为完整的产品。零部件的结构对装配的质量、成本有直接的影响。同时考虑拆卸维修和保养，零部件一般设计为方便拆卸的结构。考虑零部件的装配，应将整机合理分解成若干可单独装配的单元（部件或组件），以实现平行且专业化的装配作业，缩短装配周期，并且便于逐级技术检验和维修。

为保证装配质量，在结构设计时要保证零部件能得到正确安装。

（1）保证零件准确的定位。图 3-34 所示的两法兰盘用普通螺栓连接。图 3-34（a）所示的结构无径向定位基准，装配时不能保证两孔的同轴度；图 3-34（b）以相配的圆柱面作为定位基准，结构合理。

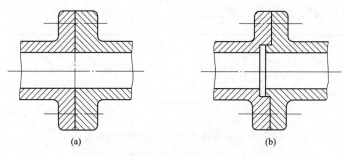

图 3-34　法兰盘的定位基准
（a）不合理；（b）合理

（2）配合零件应避免双重配合。图 3-35（a）中的零件 A 有两个端面与零件 B 配合，由于制造误差，不能保证零件 A 的正确位置。图 3-35（b）结构合理。

（3）防止装配错误。图 3-36 所示轴承座用两个销钉定位。图 3-36（a）中两销钉反向布置，到螺栓的距离相等，装配时很可能将支座旋转 180°安装，导致座孔中心线与轴的中心线位置偏差增大。因此，应将两定位销布置在同一侧，如图 3-36（b）所示，或如图 3-36（c）所示使两定位销到螺栓的距离不等。

结构设计中，应保证有足够的装配空间，如扳手空间；避免过长配合导致装配难度提高，使配合面擦伤，如阶梯轴的设计；为便于拆卸零件，应给出安放拆卸工具的位置，如轴承的拆卸。

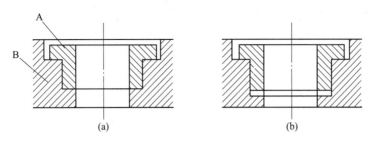

图 3-35 避免双重配合
（a）不合理；（b）合理

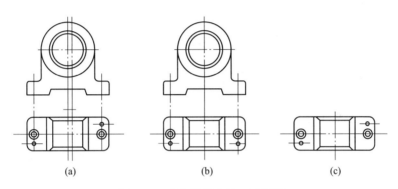

图 3-36 避免轴承座前、后颠倒

3.3.4 满足人机学要求的设计准则

在结构设计中还必须考虑人机学方面的问题。机械结构的形状应适合人的生理和心理特点，使操作安全可靠、准确省力、简单方便，不易疲劳，有助于提高工作效率。此外，还应使产品结构造型美观，操作舒适，降低噪声，避免污染，有利于环境保护。

3.3.4.1 减少操作疲劳的结构

结构设计与构型时应该考虑操作者的施力情况，避免操作者长期保持一种非自然状态下的姿势。图 3-37 所示为各种手工操作工具改进前后的结构形状。图 3-37（a）的结构形状呆板，操作者长期使用时处于非自然状态，容易疲劳；图 3-37（b）的结构形状柔和，操作者在使用时基本处于自然状态，长期使用也不觉疲劳。

3.3.4.2 提高操作能力的结构

操作者在操作机械设备或装置时需要用力，人处于不同姿势、不同方向、不同手段用力时发力能力差别很大。一般人的右手握力大于左手，握力与手的姿势与持续时间有关，当持续一段时间后，握力明显下降。推拉力也与姿势有关，站姿前后推拉时，拉力要比推力大，站姿左右推拉时，推力大于拉力。脚力的大小也与姿势有关，一般坐姿时脚的推力大，当操作力超过 50~150N 时宜选脚力控制。用脚操作最好采用坐姿，座椅要有靠背，脚踏板应设在座椅前正中位置。

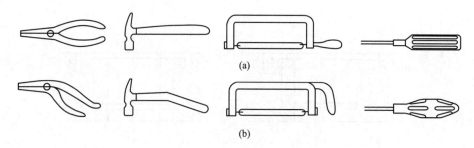

图 3-37　操作工具的结构改进

（a）较差；（b）较好

3.3.4.3　减少操作错误的结构

手操作的手轮、手柄或杠杆外形应设计得舒服、不滑动，操作可靠，不易出现操作错误。图 3-38 为旋钮设计的结构形状与尺寸建议。

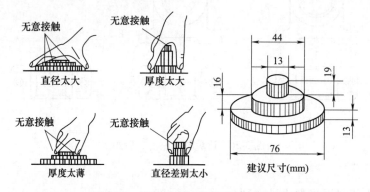

图 3-38　旋钮结构设计的形状与尺寸

3.3.5　考虑维护修理的设计准则

产品的配置应根据其故障率的高低、维修的难易、尺寸和质量的大小以及安装特点等统筹安排，凡需要维修的零件部件，都应具有良好的可达性；对故障率高而又需要经常维修的部位及应急开关，应提供最佳的可达性。产品特别是易损件、常拆件和附加设备的拆装要简便，拆装时零部件进出的路线最好是直线或平缓的曲线。产品的检查点、测试点等系统的维护点，都应布置在便于接近的位置上。

需要维修和拆装的产品，其周围要有足够的操作空间。维修时一般应能看见内部的操作，其通道除了能容纳维修人员的手或臂外，还应留有供观察的适当间隙。

3.3.6　考虑造型设计的准则

产品的结构设计不仅要满足功能要求，而且还应考虑产品造型的美学价值，使之对人产生吸引力。造型美观的产品可使操作者减少因精力疲惫而产生的误操作。

产品的外观设计主要包括三个方面：造型、颜色和表面处理。产品在结构设计时，应注意保持外形轮廓各部分尺寸之间均匀协调的比例关系，应有意识地应用"黄金分割法"

来确定尺寸，使产品造型更具美感。机械产品的外形通常由各种基本的几何形体（长方体、圆柱体、锥体等）组合而成。结构设计时，应使这些形状配合适当，基本形状应在视觉上平衡，接近对称又不完全对称的外形易产生倾倒的感觉；尽量减少形状和位置的变化，避免过分凌乱；改善加工工艺。

在机械产品表面涂漆，除具有防止腐蚀的功能外，还可增强视觉效果。恰当的色彩可使操作者眼睛的疲劳程度降低，并能提高对设备显示信息的辨别能力。单色适用于小构件。大的特别是运动构件如果只用一种颜色就会显得单调无层次，一个小小的附加色块会使整个色调活跃起来。在多个颜色并存的情况下，应有一个起主导作用的底色，和底色相对应的颜色叫对比色。但在一个产品上，不同色调的数量不宜太多，太多的色彩会给人一种华而不实的感觉。舒服的色彩大约位于从浅黄、绿黄到棕的区域。这个趋势是渐暖，正黄正绿往往显得不舒服；强烈的灰色调显得压抑。对于冷环境应用暖色，如黄、橙黄和红。对于热环境用冷色，如浅蓝。所有颜色都应淡化。另外，通过一定的色彩配置可使产品显得安全、稳固。将形状变化小的、面积较大的平面配置浅色，而将运动、活跃轮廓的元件配置深色；深色应安置于机械的下部，浅色置于上部。

3.3.7 考虑成本的设计准则

产品设计时要简化产品及维修操作。

（1）设计时，要对产品功能进行分析权衡，合并相同或相似功能，消除不必要的功能，以简化产品和维修操作。

（2）设计时，应在满足规定功能要求的条件下，使其构造简单，尽可能减少产品层次和组成单元的数量，并简化零件的形状。

（3）产品应尽量设计简便而可靠的调整机构，以便于排除因磨损或飘移等原因引起的常见故障。对易发生局部耗损的贵重件，应设计成可调整或可拆卸的组合件，以便于局部更换或修复。避免或减少互相牵连的反复调校；要合理安排各组成部分的位置，减少连接件、固定件，使其检测、换件等维修操作简单方便，尽可能做到在维修任一部分时，不拆卸、不移动或少拆卸、少移动其他部分，以降低对维修人员技能水平的要求和工作量。

（4）提高标准化、互换性程度；设计时应优先选用标准化的设备、元器件、零部件和工具等产品，并尽量减少其品种、规格；在不同的装备中最大限度地采用通用的组件、元器件、零部件，并尽量减少其品种；设计时，必须使故障率高、容易损坏、关键性的零部件或单元具有良好的互换性和通用性。

（5）采用模块化设计。

1）产品应按其功能设计成若干个具有互换性的模块（或模件），其数量根据实际需要而定。需要在现场更换的部件更应模块（件）化。

2）模块（件）从产品上卸下来以后，应便于单独进行测试、调整。在更换模块（件）后，一般不需要进行调整；若必须调整时，应简便易行。

3）模块（件）的尺寸与质量应便于拆装、携带或搬运。质量超过 4kg 不便握持的模块（件）应设有人力搬运的把手。必须用机械提升的模件，应设有相应的吊孔或吊环。

在进行结构创新设计时，还应该考虑其他方面的要求。如考虑防腐措施，可实现零件自我加强、自我保护和零件之间相互支持的结构设计；为节约材料和资源，使报废产品能够回收利用的结构设计等。产品结构设计时不允许有多余的结构，多余的结构意味着浪费设计时间、增加加工难度、浪费材料。在进行产品结构设计时，要做到需要的结构一定要做，可有可无的结构一概不做，做的每一处结构都要有用。

　　创新思维与创新方法都是机械结构设计的辅助工具，在实际工作中，在熟练掌握机械工程知识和机械结构设计基本方法的前提下，再灵活运用各种创新思维与创新方法，才能设计出更新、更完善的机械结构。

思 考 题

3-1　机械结构设计的常用技巧及设计准则有哪些？

3-2　结合结构设计的相关准则分析，图 3-39 所示的螺钉连接的结构不合理的地方，应如何进行改进？

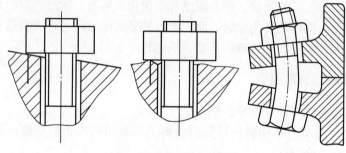

图 3-39　螺钉连接结构图

3-3　请列举几个生产生活中满足结构功能集中原则的产品。

3-4　请尝试运用功能移植的方法创新设计一个新的产品。

4 机电融合创新设计

与微电子、计算机的信息处理、自动控制、传感与测试、电力电子、伺服驱动等技术结合使机械系统更加复杂，但也为机械系统的创新设计开拓了思路，这种系统可称之为机电一体化系统。在机械系统中融入电控技术可以使其更加个性化、柔性化、智能化，这已成为机械产品的重要发展方向，是现代机械创新设计的一个重要方法。本章主要介绍机电一体化系统的传感器与控制器部分。

4.1 机电一体化系统

虽然各国对于机电一体化的定义并不一致，但是概括起来，一个较完善的机电一体化系统，应包含以下几个基本要素：机械本体、动力与驱动部分、检测传感部分、控制及信息处理部分。这些组成部分内部及其相互之间，通过接口耦合、运动传递、物质流动、信息控制、能量转换等的有机结合集成一个完整的机电一体化系统。咱们常见的自动门也是一种机电一体化系统，如图 4-1 所示。当有人进入感应探测器的探测范围时，感应探测器将收集信号，生成脉冲信号并传给控制器，控制器通过控制电机电流使其做正向运行，借由减速机构等传动部件将动力传给皮带，再由皮带将动力传给吊具系统使门扇开启；当感应器感知到无人进入后延迟一定时间，控制器通知电机做反向运动，关闭门扇。当门扇的吊挂装置碰到两侧的行程开关时，证明门扇运行到位，行程开关将向控制器发送信号，控制器将控制电机立即停止转动。

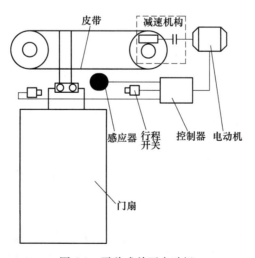

图 4-1 平移式单开自动门

4.2　传　感　器

4.2.1　传感器基本概念

传感器是一种以一定的精度和规律把规定的被测量转换为与之有确定关系的、便于应用的某种物理量的器件或装置。

这一定义包含以下几个方面的含义：

（1）传感器是测量的器件或装置，能完成检测任务。

（2）从传感器输入端来看它的输入量是规定的某一被测量，可能是物理量（如长度、热量、时间、频率等），也可能是化学量、生物量等，一个指定的传感器只能感受规定的被测量，即传感器对规定的物理量具有最大的灵敏度和最好的选择性。

（3）从传感器的输出端来看，它的输出量是某种物理量，这种量要便于传输、转换、处理、显示等，可以是气、光、电等，但主要是电量。

（4）输出与输入有一定的对应关系，且应有一定的精确度。

4.2.2　传感器原理

传感器的功用是一感二传，即感受被测信息，并传送出去。传感器一般由敏感元件、转换元件、转换电路三部分组成。其中敏感元件是直接感受被测量。并且输出与被测量成确定关系的某一物理量的元件；转换元件将敏感元件输出的物理量转换成电参数；转换电路将电路参数转换成电量输出。下面简单介绍常用的几种传感器的工作原理及能量转换情况。

4.2.2.1　电阻式传感器

电阻式传感器种类繁多，应用广泛，其基本原理是将被测物理量的变化转换成电阻值的变化，再经相应的测量电路显示或记录被测量的变化。

电阻应变传感器的核心元件是电阻应变片。当被测试件或弹性敏感元件受到被测量作用时，将产生位移、应力和应变，则粘贴在被测试件或弹性敏感元件上的电阻应变片将应变转换成电阻的变化。这样，通过测量电阻应变片的电阻值变化，从而确定被测量的大小。

金属导体在外力作用下发生机械变形时，其电阻值随着机械变形（伸长或缩短）而发生变化的现象，称为金属的电阻应变效应。

以金属材料为敏感元件的应变片，测量试件应变的原理是基于金属丝的应变效应。若金属丝的长度为 L，横截面积为 A，电阻率为 ρ，其未受力时的电阻为 R，则有

$$R = \rho \frac{L}{A} \tag{4-1}$$

如果金属丝沿轴向方向受拉力而变形，其长度 L 变化 $\mathrm{d}L$，截面积 A 变化 $\mathrm{d}A$，电阻率 ρ 变化 $\mathrm{d}\rho$，因而引起电阻 R 变化 $\mathrm{d}R$。对式（4-1）微分，整理可得

$$\frac{\mathrm{d}R}{R} = \frac{\mathrm{d}L}{L} - \frac{\mathrm{d}A}{A} + \frac{\mathrm{d}\rho}{\rho} \tag{4-2}$$

对于圆形截面，$A = \pi r^2$，于是，有

$$\frac{\mathrm{d}A}{A} = 2\frac{\mathrm{d}r}{r} \tag{4-3}$$

$\frac{\mathrm{d}L}{L}$为金属丝轴向相对伸长，即轴向应变，记为 ε。$\frac{\mathrm{d}r}{r}$为电阻丝径向相对伸长，即径向应变。两者之比即为金属丝材料的泊松比 μ，即

$$\frac{\mathrm{d}r}{r} = -\mu\frac{\mathrm{d}L}{L} = -\mu\varepsilon \tag{4-4}$$

负号表示变形方向相反，由式（4-2）~式（4-4）可得

$$\frac{\mathrm{d}R}{R} = (1 + 2\mu)\varepsilon + \frac{\mathrm{d}\rho}{\rho} \tag{4-5}$$

令

$$S_0 = \frac{\frac{\mathrm{d}R}{R}}{\varepsilon} = (1 + 2\mu) + \frac{\frac{\mathrm{d}\rho}{\rho}}{\varepsilon} \tag{4-6}$$

式中，S_0 为金属丝的灵敏度，其物理意义是单位应变所引起的电阻相对变化。

由式（4-6）可以明显看出，金属材料的灵敏度受两个因素影响：一个是受力后材料的几何尺寸变化，即（$1+2\mu$）项；另一个是受力后材料的电阻率变化，即 $\frac{\frac{\mathrm{d}\rho}{\rho}}{\varepsilon}$ 项。金属材料的 $\frac{\frac{\mathrm{d}\rho}{\rho}}{\varepsilon}$ 项比（$1+2\mu$）项小得多。大量试验表明，在电阻丝拉伸比例极限范围内，电阻的相对变化与其所受的轴向应变是成正比的，即 S_0 为常数，于是式（4-6）也可以写成

$$\frac{\mathrm{d}R}{R} = S_0\varepsilon \tag{4-7}$$

通常金属电阻丝的 $S_0 = 1.7 \sim 3.6$。

图 4-2 是一款电阻式薄膜压力传感器，这款压力传感器是将施加在传感器感应区的压力转换成电阻值，从而获得压力信息。该类型传感器压力越大，电阻值越低。可用于机械夹持器末端感测有无夹持物品，双足机器人、蜘蛛机器人足下地面感测等场合。

图 4-2　电阻式薄膜压力传感器

4.2.2.2　电感传感器

电感传感器是基于电磁感应原理，将被测非电量（如位移、压力、振动等）转换为电感量变化的一种结构型传感器。利用自感原理的有自感式传感器（可变磁阻式）、利用互感原理的有互感式（差动变压器式和涡流式）传感器和感应同步器，利用压磁效应的有压磁式传感器。

图 4-3 是一款电感式接近开关，亦称无触点接近开关。电感式接近开关由三大部分组成：振荡器、开关电路及放大输出电路。振荡器产生一个交变磁场，在被探测金属目标达到感应距离时，金属目标内产生涡流，从而导致振荡衰减，直至停振。振荡器振荡和停振的变化被后级放大电路处理并转换成开关信号，触发驱动控制器件，从而达到非接触式检测的目的。

图 4-3　电感式接近开关

4.2.2.3　电容传感器

电容传感器是将被测量如尺寸、压力、高度等的变化转换成电容量变化的一种传感器。实际上它本身（或和被测物体一起）就是一个可变电容器。

电容式液位传感器的原理，主要是依据溶液位置的改变而引起电容器容量的变化进行测量。图 4-4 为一电容式液位传感器测量导电液液位的原理图。

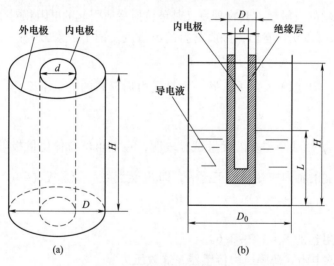

图 4-4　电容式液位传感器原理图

（a）圆筒形电容器；（b）液位测量示意图

图 4-4（a）中圆筒形电容器的电容量 C 为：

$$C = \frac{2\pi\varepsilon H}{\ln\left(\dfrac{D}{d}\right)} \tag{4-8}$$

式中，ε 为极板间介质的介电常数。

如图 4-4（b）所示，当电容传感器插入被测介质后，与传感器相接触的导电液就成为电容器的外电极，绝缘层相当于极板间的介质。传感器未与导电液接触的部位，由容器壁形成外电极，绝缘层与空气形成介质。传感器位置不变，当液位变化时，电极间的介质将会发生改变，必然引起两极板间电容量的变化，从而可以测出液位的高度。

根据式（4-8），当容器中液位由 0（忽略传感器与容器底间的液体）变化到 L 时，可以计算传感器中电容量的变化量：

$$C_x = C_H - C_0 = \frac{2\pi\varepsilon L}{\ln\left(\dfrac{D}{d}\right)} + \frac{2\pi\varepsilon'(H-L)}{\ln\left(\dfrac{D_0}{d}\right)} - \frac{2\pi\varepsilon'H}{\ln\left(\dfrac{D_0}{d}\right)}$$

$$= \frac{2\pi(\varepsilon - \varepsilon')}{\ln\left(\dfrac{D}{d}\right)}L \tag{4-9}$$

由此得到一个与液面高度相关的函数，经过标定后，根据该函数值的大小可以确定液面高度 L。

4.2.2.4 磁电感应式传感器

磁电感应式传感器利用导体和磁场发生相对运动时会在导体两端输出感应电动势的原理。根据法拉第电磁感应定律可知，导体在磁场中运动切割磁力线，或者通过闭合线圈的磁通发生变化时，在导体两端或线圈内将产生感应电动势，电动势的大小与穿过线圈的磁通变化率有关。当导体在均匀磁场中，沿垂直磁场方向运动时（如图 4-5 所示），导体内产生的感应电动势为：

$$e = -N\frac{d_\phi}{d_t} \tag{4-10}$$

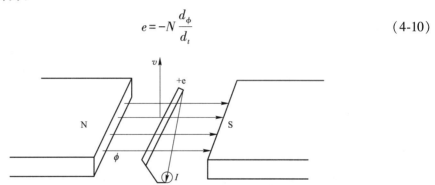

图 4-5　磁电感应式传感器原理

这就是磁电感应式传感器的基本工作原理。根据这一原理，磁电感应式传感器有恒磁通式和变磁通式两种结构形式。以恒磁通式介绍磁电感应式传感器的工作原理。

恒磁通式磁电感应传感器结构如图 4-6 所示。磁路系统产生恒定的磁场，工作间隙中的磁通也恒定不变，感应电动势是由线圈相对永久磁铁运动时切割磁力线而产生的。运动部件可以是线圈或是磁铁，因此结构上又分为动圈式和动钢式两种。

图 4-6（a）中，永久磁铁与传感器壳体固定，线圈相对于传感器壳体运动，称动圈式。

图 4-6（b）中，线圈组件与传感器壳体固定，永久磁铁相对于传感器壳体运动，称动钢式。

动圈式和动钢式的工作原理相同，感应电动势大小与磁场强度、线圈匝数以及相对运动速度有关，若线圈和磁铁有相对运动，则线圈中产生的感应电动势与磁场强度、线圈导体长度、线圈匝数以及线圈切割磁力线的速度成比例关系为：

$$e = -BlNv \tag{4-11}$$

式中，B 为磁感应强度；N 为线圈匝数；l 是每匝线圈长度；v 为运动速度。

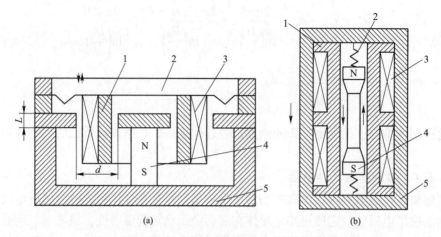

图 4-6   恒磁通式磁电感应传感器结构示意图

（a）动圈式；（b）动钢式

1—金属骨架；2—弹簧；3—线圈；4—永磁铁；5—壳体

4.2.2.5 光敏传感器

光敏传感器好比人的眼睛，是所有传感器中应用较广泛的一种，当前光电管、光电池、光敏管、固体成像器件 CCD、光导纤维等光电器件在各个领域的广泛使用就是光电技术迅速发展的标志。

光电传感器是将被测量的变化通过光信号（如光强、光频率等）变化转换成电信号。近年来，半导体光敏传感器由于体积小、重量轻、低功耗、灵敏度高、便于集成等特点，越来越受到重视。以光敏电阻为例介绍其工作原理。

光敏电阻的工作原理是基于光电导效应，又称光导管，其结构如图 4-7 所示。光敏电阻是在玻璃底板上涂一层对光敏感的半导体物质，两端有梳状金属电极，然后在半导体上覆盖一层漆膜或压入塑料封装体内，就制成一只光敏电阻。

把光敏电阻 R_g 连接到图 4-8 所示电路中，在外加电压的作用下，回路中电流 I 随光敏电阻变化而变化，光照的强弱可以改变电路中电流的大小。光敏电阻 R_g 在受到光照时，由于光电导效应使其导电性能增加，电阻下降，流过负载电阻 R_L 的电流增加，引起输出电压

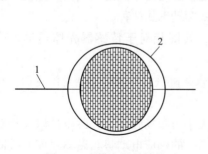

图 4-7   光敏电阻的结构

1—电极；2—漆膜

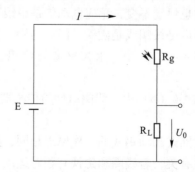

图 4-8   光敏电阻基本电路

U_0变化。光照越强回路电流越大，当光照停止时电阻恢复原值，光电效应消失。需要说明的是光敏电阻还具有光谱特性与温度特性，也就是说回路电流不但受光照强度影响，还受光波波长及外界温度影响。

4.2.2.6 超声波传感器

超声波跟声音一样，是一种机械振动波，是机械振动在弹性介质中的传播过程。超声波检测是利用不同介质的不同声学特性对超声波传播的影响来探查物体和进行测量的一门技术。该技术广泛地应用在物位检测、厚度检测和金属探伤等方面。在超声波检测技术中主要是利用它的反射、折射、衰减等物理性质。不管哪一种超声波仪器，都必须把超声波发射出去，然后再把超声波接收回来，变换成电信号，完成这一部分工作的装置，就是超声波传感器。但是在习惯上，把这个发射部分和接受部分均称为超声波换能器，有时也称为超声波探头。

换能器由其结构不同，可分为直探头式、斜探头式、双探头式等多种。下面以直探头式为例进行简要介绍。

直探头式换能器也称直探头或平探头，它可以发射和接收纵波。直探头主要由压电元件、阻尼块（吸收块）及保护膜组成，其基本结构原理图如图4-9所示。

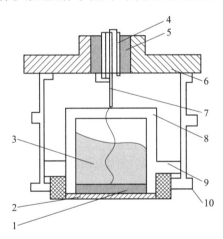

图 4-9 直探头式换能器结构
1—压电片；2—保护膜；3—吸收块；4—接能片；5—绝缘柱；
6—盖；7—导线螺杆；8—接线片；9—压电片座；10—外壳

压电片1是换能器中的主要元件，多做成圆板形。压电片的厚度与超声波频率成反比。压电片的直径与扩散角成反比。压电片的两面敷有银层，作为导电的极板，压电片的底面接地线，上面接导线引至电路中。

为了避免压电片与被测体直接接触而磨损压电片，在压电片下粘贴一层保护膜2。保护膜有软性保护膜和硬性保护膜两种。软性的可用薄塑料（厚约0.3mm），它与表面粗糙的工件接触较好。硬性的可用不锈钢片或陶瓷片，保护膜的厚度为二分之一波长的整倍数时（在保护膜中波长），声波穿透率最大；厚度为四分之一波长的奇数倍时，穿透率最小。保护膜材料性质要注意声阻抗的匹配，设保护膜的声阻抗为Z，晶体的声阻抗为Z_1，被测工件的声阻抗为Z_2，则最佳条件为$Z=(Z_1Z_2)^{\frac{1}{2}}$。压电片与保护膜黏合后，谐振频率将降低。阻抗块又称吸收块（图4-9中的零件3），吸收超声能量。

如果没有阻尼块，电振荡脉冲停止时，压电片因惯性作用，仍继续振动，加长了超声波的脉冲宽度，使盲区扩大，分辨力变差。当吸收块的声阻抗等于晶体的声阻抗时，效果最佳。

用超声波测量金属零件、钢管等的厚度，具有测量精度高、测试仪器轻便、操作安全简单、易于读数或实现连续自动检测等优点。但是对于声衰减很大的材料以及表面凹凸不平或形状很不规则的零件，超声波法测厚会比较困难。

超声波法测厚常用脉冲回波法。测厚的原理如图4-10所示，主控制器产生一定频率的重复脉冲信号，送往发射电路，经电流放大激励压电式探头，以产生重复的超声脉冲，并耦合到被测工件中，脉冲波传到工件另一面被反射回来，被同一探头接收。如果超声波在工件中的声速 v 是已知的，设工件厚度为 d，测出脉冲波从发射到接收的时间间隔 t，那么可求出工件的厚度为：

$$d = \frac{t}{2}v \tag{4-12}$$

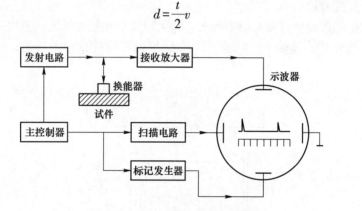

图4-10　脉冲回波法测厚方框图

4.2.3　传感器种类

目前传感器的分类方法有很多，主要的有四种：根据传感器工作原理分类法；根据传感器能量转换情况分类法；根据传感器转换原理分类法和按照传感器的使用分类法。

表4-1按传感器转换原理分类，给出了各类型的名称及典型应用。

表4-1　传感器分类及应用

传感器分类		转换原理	传感器名称	典型应用
转换形式	中间参量			
电参数	电阻	移动电位器触点改变电阻	电位器传感器	位移
		改变电阻丝或电阻片尺寸	电阻丝应变传感器、半导体应变传感器	微应用、力、负荷
		利用电阻的温度效应（电阻温度系数）	热丝传感器	气流速度、液体流量
			电阻温度传感器	温度、辐射热
			热敏电阻传感器	温度

续表 4-1

传感器分类		转换原理	传感器名称	典型应用
转换形式	中间参量			
电参数	电阻	利用电阻的光敏效应	光敏电阻传感器	光强
		利用电阻的湿度效应	湿敏电阻传感器	湿度
	电容	改变电容的几何尺寸	电容传感器	力、压力、负荷、位移
		改变电容的介电常数		液位、厚度、含水量
	电感	改变磁路的几何尺寸、导磁体位置	电感传感器	位移
		涡流去磁效应	涡流传感器	位移、厚度、含水量
		利用压磁效应	压磁传感器	力、压力
		改变互感	差动传感器	位移
			自整角机	位移
			旋转变压器	位移
	频率	改变谐振回路中固有参数	振弦式传感器	压力、力
			振筒式传感器	气压
			石英谐振传感器	力、温度等
	计数	利用莫尔条纹	光栅	大角位移、大直线位移
		改变互感	感应同步器	
		利用拾磁信号	磁栅	
	数字	利用数字编码	角度编码器	大角位移
电量	电动势	温差电动势	热电偶	温度、热流
		霍尔效应	霍尔传感器	磁通、电流
		电磁感应	磁电传感器	速度、加速度
		光电效应	光电池	光强
	电荷	辐射电离	电离室	离子计数、放射性强度
		压电效应	压电传感器	动态力、加速度

4.2.4 传感器的选用原则

传感检测技术是机电一体化的关键技术。如何从待测对象上获取能反映待测对象特征与状态的信号取决于传感器技术，这就涉及传感器的正确选择。选择合适的传感器是一个较复杂的问题，首先要注意如下问题：

（1）仔细研究被测信号，确定测试方式和初步确定传感器类型，例如先确定是位移测量还是速度、加速度、力的测量，再确定传感器类型。

（2）分析环境和干扰因素，系统环境是否有磁场、电场、温度的干扰，测试现场是否潮湿等。

（3）根据被测量的范围确定某种传感器，例如位移测量，要分析是小位移还是大位移。若是小位移测量，有电感传感器、电容传感器、霍尔传感器等供选择；若是大位移测量，有感应同步器、光栅传感器等供选择。

（4）确定测量方式，是接触测量还是非接触测量。例如对机床主轴的回转误差测量，就必须采用非接触测量。

（5）传感器的体积和安装方式，被测位置是否能放下和安装，传感器的来源、价格等因素。

当考虑完上述问题后，就能确定选用什么类型的传感器，然后再考虑以下问题：

（1）灵敏度。传感器的灵敏度越高，可以感知越小的变化量，即被测量稍有微小变化时，传感器即有较大的输出。但灵敏度越高，与测量信号无关的外界噪声也容易混入，并且噪声也会被放大。因此，要求传感器有较大的信噪比。

传感器的量程是和灵敏度紧密相关的一个参数。当输入量增大时，除非有专门的非线性校正措施，传感器不应在非线性区域工作，更不能在饱和区域内工作。有时需在较强的噪声干扰下进行测试工作，被测信号叠加干扰信号后也不应进入非线性区。因此，过高的灵敏度会影响其适用的测量范围。

如被测量是一个矢量时，则传感器在被测量方向的灵敏度愈高愈好，而横向灵敏度越小越好；如果被测量是二维或三维矢量，那么对传感器还应要求交叉灵敏度越小越好。

（2）响应特性。传感器的响应特性必须在所测频率范围内尽量保持不失真。实际传感器的响应总有一些延迟，但延迟时间越短越好。

一般光电效应、压电效应等物性型传感器，响应时间短，工作频率范围宽。而结构型传感器，如电感、电容、磁电式传感器等，由于受到结构特性的影响、机械系统惯性的限制，其固有频率较低。

在动态测试中，传感器的响应特性对测试结果有直接影响，在选用时，应充分考虑到被测物理量的变化特点（如稳态、瞬变、随机等）。

（3）稳定性。传感器的稳定性是经过长期使用以后，其输出特性不发生变化的性能。传感器的稳定性有定量指标，超过使用期应及时进行标定。影响传感器稳定性的因素主要是环境与时间。

在工业自动化系统中或自动检测系统中，传感器往往是在比较恶劣的环境下工作，灰尘、油污、温度、振动等干扰是很严重的，这时传感器的选用必须优先考虑稳定性因素。

（4）精度。传感器的精度表示传感器的输出与被测量的对应程度。因为传感器处于测试系统的输入端。因此传感器能否真实地反映被测量，对整个测试系统具有直接影响。然而，传感器的精度并不是越高越好，还要考虑经济性。传感器精度越高，价格越昂贵，因此应从实际需要出发来选择。

还应当了解测试目的是定性分析还是定量分析。如果属于相对比较性的试验研究，只需获得相对比较值即可，那么对传感器的精度要求可低些。然而对于定量分析研究，要求必须获得精确量值，因而要求传感器应有足够高的精度。

4.3 控 制 器

机电一体化系统的优劣在很大程度上取决于控制器的好坏。简单来说，控制器是指能够接受控制目标指令及反馈信息，并对它们进行比较，然后根据某种控制算法产生控制信号，使控制对象达到控制目标的装置。如图 4-11 所示，控制器通常由控制器硬件和控制算法构成，控制算法是对指令及外界信息的分析和计算，决定控制对象以何种方式达到控制目标；控制器硬件由计算机、I/O 卡及各种运动控制卡等组成。

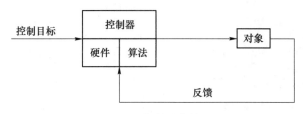

图 4-11 控制系统简图

在机械工程控制领域中，控制器按其发展阶段可分为三种类型：机械式控制器、各种由电子元器件组成的专用控制器、各种通用型过程及运动控制器。由于机械式控制器的设计随着控制目标的增加越来越复杂，如今人们通常使用机械式控制器来完成一些简单的控制任务，如在驾驶员对汽车的控制过程中通过换挡，使汽车的速度及输出功率得到控制等。而电子型及通用型控制器则随着电子、信息技术的发展，在人们的生活、工作、学习过程中得到了越来越广泛的应用。特别是在机械工程自动控制过程中，采用各种专用、通用的电子控制芯片、工业级控制计算机等控制器对机械装置本体进行控制，大大提高了工厂的自动化、智能化水平，对保障产品质量、提高生产效率起到了至关重要的作用。

4.3.1 微控制器

单片微控制器即单片机，可以认为是将微型计算机系统所用的 IC 芯片，包括 CPU、存储器、I/O 端口、中断控制器等，集成到一个芯片中，构成了一台简单的计算机，可以通过编写程序处理一些简单的过程。由单片机作为核心器件的控制系统称为微控制系统。由于它具有体积小、质量轻、价格便宜等特点，得到了广泛的应用。

美国 INTEL 公司生产的 MCS-51 系列单片机是一种典型的采用大规模 IC 工艺制造的单片机，也是目前世界上使用量最大的一种较典型的产品。此外，其他各个厂家生产的单片机也都具有各自不同的特点。单片机及引脚图如图 4-12 所示。

通常采用汇编语言对单片机编程，以提高程序的执行效率。通过不同的程序单片机可以实现许多不同的功能，或是对单片机中原有的程序进行修改和补充，使单片机完成更为复杂或与原有功能完全不同的功能。尤其是一些特殊的或独特的功能，通过别的器件需要费很大力气才能做到，甚至是花大力气也很难做到的，而通过编写不同的程序，单片机则完全可以高智能、高效率、高可靠性地完成这些功能。

正是由于单片机体积小、质量轻、抗干扰能力强、价格低廉、可编程，目前它已经渗透到我们生活的各个领域，几乎很难找到哪个领域没有它的踪迹。导弹的导航装置，飞机上各种仪表的控制，计算机的网络通信与数据传输，工业自动化过程的实时控制和数据处理，广泛使用的各种智能 IC 卡，豪华轿车的安全保障系统和功率分配器，录像机及摄像机和图像处理器，全自动洗衣机及电冰箱的控制，以及程控玩具和电子宠物，自动控制领域的机器人、智能仪表、医疗器械等，这些都离不开单片机。作为一种在线式实时控制计

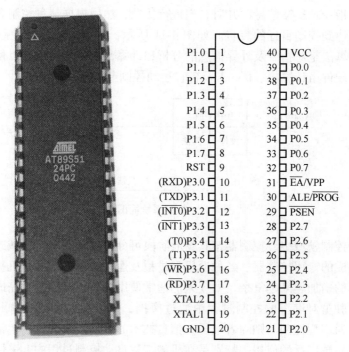

图 4-12   单片机及引脚图

算机，单片机技术在各种仪器仪表生产单位、石油、化工、纺织、机械的加工等各个行业，及计算机网络和通信技术、日常生活及家电、医疗设备、办公自动化等各个方面都有着广泛的应用。

随着电子技术和智能控制理论的发展，智能控制芯片的出现成为一种必然，是更为先进的单片机。它以模糊控制、人工智能控制、专家控制等智能控制理论为基础，通过电子元器件的排列组合，可以通过简单的硬件电路实现较为复杂的智能控制算法，实现控制系统的简化。

4.3.2   通用工业控制计算机

作为机械工业控制过程中最常用的开放式系统控制器，工业控制计算机具有很强的运算与处理信息的能力，因而可以实现更为先进和复杂的控制策略，如自适应控制、智能控制、非线性控制等，而且将计算机网络技术、通信技术、总线技术与现代管理结合起来，从而使工业自动化从过去的就地控制和集中控制等方式向未来的综合自动化方向发展。

工业控制计算机系统与普通个人计算机一样，由硬件和软件两部分组成。硬件包括母板、CPU、I/O接口板、运动控制卡、人机联系设备、过程输入/输出通道等。软件包括系统软件、支持软件和应用软件。与普通个人计算机不同的是它更符合工业生产环境的要求，追求整个系统的可靠性、实用性及实时性。

首先，由于工业环境的复杂性，为保证系统的安全性和稳定性，要求工业控制计算机具有温度、湿度适用范围大，防尘、防腐蚀、防振动冲击能力，及较好的抗电磁干扰等能力。因此工业控制计算机具有一些特殊的机构，如全钢结构带滤网和加固压条的机箱结构、基于总线的无源大母板结构、双冷风扇配置、高可靠性电源装置等。

其次，工业控制过程中，作为系统控制器的工业控制计算机的功能在于实现其对机械装置工作过程的控制，而不同于个人计算机所追求的高级显卡、高级声卡等与控制相关性不大的功能模块。因此当提到提升一工业控制计算机的工作能力时，除对已有功能模块的升级外，更多的是指通过添加更多的功能模块，即通过系统总线连接更多的如数据采集卡等的功能卡，实现对控制系统功能的扩展。图 4-13 为普通结构 PC 总线工业控制计算机。

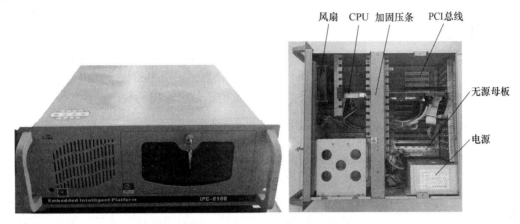

风扇　CPU　加固压条　PCI总线

无源母板

电源

图 4-13　工控机外观及内部结构

由图 4-13 可见，总线式工业控制计算机主要是由电源、机架、无源母板、中央处理器（CPU）组成。所有的部件，包括 CPU，都通过挂靠在无源母板上来实现各个模板之间的通信和动作。并且可以通过增加各类模板实现更多的功能，如添加功能丰富的外部 I/O 模板以扩展系统控制器的 I/O 能力等。

CPU 主板是总线式控制计算机系统的核心部件，是整个系统的控制中心。它负责整个系统工作的协调，包括数学运算、数据传输、逻辑判断、输入/输出控制以及与上位机或网络的通信等工作。工业控制机的硬件只有在和相应的软件配合时，才能把人的知识和思维用于对生产过程的控制。目前，工业控制软件正向结构化、组件化发展，可以分为系统软件、支持软件、应用软件三个部分。

系统软件包括实时多任务操作系统、引导程序、调度执行程序。随着计算机软件系统的发展，目前的主流系统软件为 Windows 系列平台。目前使用的支持软件多为高级编程语言，主要包括 Microsoft Visual Basic，VC++，Boland Delphi 等高级程序设计平台，它们本身都包含了解释、编译、调试、诊断以及可执行文件生成、打包等功能。应用软件是系统设计人员针对某个生产过程而编制的控制和管理程序。它包括过程输入程序、过程控制程序、过程输出程序、人机接口程序、公共子程序等。为实现多功能的可视化人机交互界面，节省其对硬件的底层编程时间，使设计更高效，如智能 I/O、运动控制器、传感器等，都提供了系统设计人员在高级语言编程过程中能够直接调用的专用功能函数或指令。

一般情况下，除了 CPU 主板外，还有其他功能模块，通过挂靠在总线上，可以使控制器的功能更丰富，完成更为复杂的工业控制任务。在工业生产数字控制过程中，通常需要控制器对大量外部信号进行采集，并将其与控制目标进行比较，以确定控制对象的当前状态以及与控制目标的差距。此外，还需要一些功能模块来丰富系统控制器的功能，如 I/O模块、运动控制模块等。作为基本的控制系统，应当对工控机的 I/O 能力进行扩展，提高其开关量控制及数字/模拟量数据采集、输出的能力。

　　工业生产过程中的各种参数，如压力、流量、温度、液面高度，一般都是非电物理量，需要通过传感器敏感元件将其转化为电信号（电流或电压），这些电信号通常是随时间连续变化的模拟量。通过变送器对其进行滤波、放大，然后经过模数转换，变成计算机能够处理的数字量信号。控制器根据这些信息和一定的控制算法进行计算，确定下一控制周期的控制输出量。随着反馈信息量的增大，通常需要为控制器配置专用的信号采集卡以保证信息输入。

　　信号采集卡发展很快，除了大量的信号输入接口，还集成了模拟和数字输出接口。对只要求提供数字量（开关量）的执行机构，选用具有数字量输出的板卡提供开关信号；对要求提供模拟信号的执行机构，则选用具有电压或电流信号输出的板卡。

4.3.3　可编程序控制器

　　可编程序控制器（programmable logical controller，PLC）是 20 世纪 70 年代开始迅速发展起来的新一代工业控制装置，它以原有的继电器、逻辑运算、顺序控制为基础，逐步发展成为既有逻辑控制、计时、计数、分支程序、子程序等顺序控制功能，也有数学运算、数据处理、模拟量调节、操作显示、联网通信等功能。可编程序控制器结构简单、编程方便、性能可靠，被广泛应用于工业生产过程中。

　　各厂家的可编程序控制器通常有三级软件包：（1）基本指令组，包括逻辑运算功能，计时计数功能和无符号算术运算功能等；（2）高级指令组，包括了所有的基本指令组，又增加了复杂的算术运算，如带符号算术运算、双精度算术运算等；（3）扩展指令组，在高级指令组基础上进行各种特殊功能扩展，如浮点运算、PID 调节器、各种专用功能块等。

　　可编程序控制器从某种意义上来说也是一种计算机控制系统，只不过它比计算机具有更强的与工业现场相连的接口，具有更直接的适用于控制要求的编程语言。所以，它与一般的计算机控制系统一样，具有 CPU、存储器、I/O 接口等部分。图 4-14 给出了中型可编程序控制器的典型构成框图。

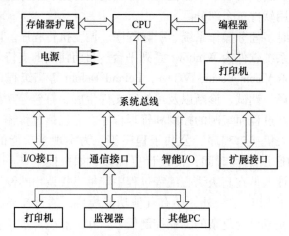

图 4-14　可编程序控制器的系统框图

　　下面对其主要部分做简要介绍。

（1）中央处理器（CPU）。CPU 是可编程序控制器的主要部分，是整个系统的核心。目前一般中型的可编程序控制器都是双处理器系统，一个是字处理器，一个是位处理器，这是它与其他工业微机的不同之处。

可编程序控制器与一般的微处理机不同，它常以字（每个字是 16 位）为单位来处理信息和存储信息，而不是以字节（每字节为 8 位）为单位的。字处理器和位处理器之间是主从关系，字处理器为主处理器，位处理器为从处理器。CPU 模板是 PLC 的核心，字处理器是核心的"大脑"。

字处理器的功能是统一管理编程接口、内部定时器、内部计数器、监视扫描时间、处理字节指令、控制系统总线、进行系统自诊断等，同时协调和控制位处理器、管理输入输出。字处理器多为通用的 8 位或 16 位的处理器，有的 PLC 采用单片机作为字处理器。大型 PLC 中字处理器都是由 16 位或 32 位机来实现的。

位处理器则采用为用户设计的专用芯片来实现的。它在 PLC 中的作用有两个：1）直接处理位操作指令，从而大大加快了 PLC 的处理速度；2）在机器操作系统的管理下，将可编程序控制器的编程语言（梯形图、控制系统流程图等）转换成机器语言。

CPU 还备有一定的操作系统和用户编程用的内存单元。此外，还包括操作显示、时钟与控制、总线接口、编程器接口等。

（2）存储器。可编程序控制器的存储器包括：1）存放系统软件的 EPROM；2）系统软件所需的 RAM；3）用户应用软件所需的内部存储器；4）用户应用软件所需的扩展存储器。扩展模块可直接插入 CPU 模板中，也有的可以插入中央基板（母板）中。

（3）总线结构。可编程序控制器的总线多为一种基板（母板）形式。电源模板、CPU 模板、各种 I/O 模板等都插入这个基板的相应位置。每个模板都有自己的总线接口，而这些模板上的总线接口及总线基板都是以 CPU 的总线接口为基础。

（4）I/O 接口模板。可编程序控制器通过各种 I/O 接口模板与工业过程联系，完成信号电平的转换。

I/O 模板包括数字量 I/O 模板、模拟量 I/O 模板等。这些模板又有交流、直流，电压型、电流型等不同类型。

4.3.4　可编程自动化控制系统

可编程自动化控制器（programmable automation controller，PAC）由自动化研究机构（ARC Group）提出，用于描述结合了 PC 和 PLC 功能的新一代工业控制器。在一种开放灵活的软件构架下，PAC 将 IPC 的灵活性及软件能力和 PLC 的可靠性及稳定性相结合。使用这些控制器开发高级应用系统，不仅包括高级控制、通信、数据记录和信号处理等软件特性，还包括一个稳定的控制器以提供逻辑、运动、过程控制和视觉等高级功能。

图 4-15 为一款 PAC 的外形。相对于传统的工控机，它们不仅具备强大的运算功能和开放、灵活的软、硬件接口，而且实现了更高的实时性，具备了更加坚固、安全的结构和开放的模块化体系，更加易于使用。

这些 PAC 都支持 IEC-61131-3 标准，能够接受图形化语言的梯形图、顺序功能图、功能块图和文本化语言的指令表、结构化文本 5 种编程语言的输入，通用性极强，且适合不同种类工作人员的使用。

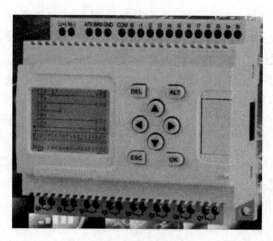

图 4-15 PAC 外形

4.3.5 树莓派控制器

树莓派由注册于英国的"Raspberry Pi 慈善基金会"开发。2012 年 3 月，英国剑桥大学的埃本·阿普顿正式发售世界上最小的台式机，又称卡片式电脑，外形只有信用卡大小，却具有电脑的所有基本功能，这就是 Raspberry Pi 电脑板，中文译名"树莓派"，其外形如图 4-16 所示。它是一款基于 ARM 的微型电脑主板，具备所有 PC 的基本功能只需接通显示器和键盘，就能执行如电子表格、文字处理、玩游戏、播放高清视频等诸多功能。树莓派早期有 A 和 B 两个型号，B 型号的树莓派功能相对更强大些。Raspberry Pi B 款只提供电脑板，无内存、电源、键盘、机箱或连线，其结构如图 4-17 所示。

图 4-16 树莓派实物图

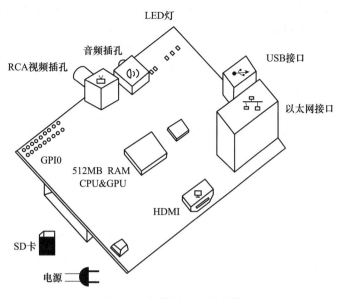

图 4-17　树莓派 B 版的结构

　　如图 4-17 所示，可以看到树莓派的主要构成包括如下部分：

　　（1）SD 卡。树莓派上搭载了很多东西，但是它没有像台式机中硬盘一样的硬件设备，它采用的是一个可以方便插拔的 SD 卡，它的作用类似于固态硬盘。可以根据不同场合更改 SD 卡的大小来改变存储容量。至少需要 2GB 的存储空间才能正常启动系统，如果再安装其他软件，则至少需要 4GB 的存储空间。

　　（2）电源。树莓派的电源采用 5V micro-USB 输入，同一般手机或平板的电源一致。树莓派没有板载的电源稳压器，因此供电电压不能超过 5V。

　　（3）HDMI 接口。树莓派配备了 HDMI（high definition multimedia interface，高清多媒体接口）输出接口，很多人评价说这是树莓派最有特色的地方，因为这使得树莓派拥有处理 10 亿像素/秒的能力，能够输出 1080P 高清图像。通过对芯片内 OpenGL 和 OpenVG 库的调用，树莓派的 GPU 可以处理蓝光级别的视频信息。

　　（4）以太网口和 USB 接口。以太网和 USB 接口的功能（B 版树莓派）是通过板子上的 LAN9512 芯片实现的。这款芯片不仅为高速 USB 2.0 集线器，而且是一款支持 10/100兆带宽的以太网控制器。尽管这款芯片仅有 8mm 宽，但它支持 480 Mbps USB 2.0 的传输速度，可插入台式机的设备同样可插入树莓派，从路由器到网络摄像头，从 USB 集线器到硬盘（hard disk drive，HDD）。

　　（5）音频和 RCA 视频插孔。树莓派同样集成了音频和 RCA 视频插孔。虽然树莓派支持通过 HDMI 进行音频输出，但用户也许会将音频信息通过耳机输出，因此它配备了3.5mm 的耳机插孔。至于视频方面，尽管树莓派不支持 VGA 插孔输出，但 RCA 视频插孔可将视频信息传送至任意支持 RCA 插孔的设备。

　　（6）GPIO 引脚。树莓派中最容易被忽视的部分也许就是 GPIO（general purpose input output，通用输入输出端口）引脚了。这些引脚允许开发人员对树莓派进行一定的物理扩展，从 LED 灯、舵机，再到电机控制器，或者类似于 Gertboard 的扩展板等等。与一般的台式机或笔记本电脑相比，无论是添加 USB 驱动程序，或是进行串口通信（也许不会用到），抑或是进行一些低级别的编程处理等，都需要比较规范的操作。为方便编程，树莓派预装了一些基本库，可以通过 Python、C 或 C++ 方便地控制 GPIO。如果不喜欢预装的官方版本，开发人员还可以选择一些附加的库。这意味着可以同时连接多达 8 个舵机，这样足以控制一个四足机器人。

（7）片上系统。开发板中最重要的一个部分就是位于正中央的 SoC（SystemonChip），称为系统芯片。树莓派采用的是博通公司的 PCM2835 处理器，这是一款采用 ARM11 内核，主频为 700MHz 的处理器。GPU 部分采用的是 Videocore4 的 GPU。树莓派的 CPU 可超频至 800MHz。实际上，在最新的 SD 卡预装的系统中，在 raspi-config 文件内提供了超频选项，最高可将处理器超频至 1GHz，但为防止过热，只会按需提供该功能。根据基金会所提供的数据信息，超频后操作的速度会提高 52% ～ 64%。

树莓派就像其他任何一台运行 Linux 系统的台式计算机或者便携式计算机那样，利用 Raspberry Pi 可以做很多事情。不过，随着 Windows 10 IoT 的发布，树莓派也可以运行 Windows 系统了。树莓派基金会提供了基于 ARM 的 Debian 和 Arch Linux 的发行版供下载。还计划提供支持 Python 作为主要编程语言，以及支持 Java、C 和 Perl 等编程语言。

4.3.6 教育机器人专用控制器

4.3.6.1 专用控制器结构

ROBOTICS TXT 控制板可以通过彩色触摸屏轻松控制。内置的蓝牙与 Wi-Fi 模块提供完美的无线连接方式，有许多应用。控制板包含众多接口，其中 USB 端口可以连接专用 USB 摄像头之类的设备。拥有功能强大的处理器，大容量的 RAM 和 Flash 存储空间，连同 Linux 操作系统，保证了 ROBOTICS TXT 控制板极高的性能，用以控制各种专用 ROBOTICS 模型。集成的 Micro SD 卡插槽可以提供额外的存储空间。控制板的五个面都有插槽，同时整体尺寸十分紧凑，极大地节约了空间，可以安装于创意模型中。两个控制板可以通过 10 针扩展接口（图 4-18 中 EXT 扩展接口）连接，其中一个作为扩展板使用。另外该接口还可以连接 I2C 设备，来扩展输入输出。

（1）USB-A 端口（USB-1）。USB 2.0 主机接口，连接诸如 USB 摄像头的设备。

（2）EXT 扩展接口。连接额外的 ROBOTICS TXT 控制板，用以扩充输入输出接口。另外可以作为 I2C 接口，连接 I2C 扩展模块。

（3）Mini USB 端口（USB-2）。USB 2.0 端口（兼容 USB 1.1）用于连接电脑，控制板包装中包含 USB 数据线。

（4）红外接收管。红外接收管可以接收来自控制组件包中遥控器的信号，这些信号可以被读入到控制程序中。这样，遥控器就可以远程控制 ROBOTICS 系列模型。

（5）触摸屏。彩色触摸屏显示控制器的状态——程序是否加载，操作过程中在菜单的位置。通过触摸屏，可以选择，并且打开或关闭功能和程序。当程序运行时，可以查看变量或模拟量传感器的数值。

（6）Micro SD 卡插槽。Micro SD 卡（控制板包装中未包含）可以插入控制板，用以提供额外的存储空间。

（7）9V 可充电电池接口。这个接口可以为模型提供一个移动电源。

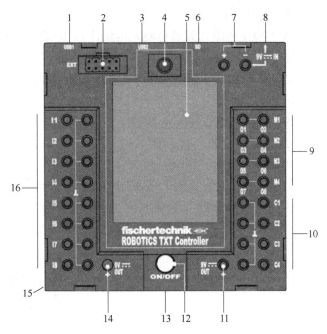

图 4-18　TXT 控制板接口总览

1—USB-A 端口；2—EXT 扩展接口；3—Mini USB 端口；4—红外接收管；5—触摸屏；
6—Micro SD 卡插槽；7—9V 可充电电池接口；8—9V 直流开关电源接口；9—输出端 M1~M4 或 O1~O8；
10—输入端；11—9V 输出端；12—ON/OFF 开关；13—扬声器；14—9V 输出端；15—纽扣电池仓；16—通用输入端

（8）9V 直流开关电源接口（3.45mm，中心正极）。可以连接直流开关电源（控制板包装中未包含）。

（9）输出端 M1~M4 或 O1~O8。总共可以将 4 个双向电机连接到控制板。或者，可以连接 8 个电灯或电磁铁（也可以为单向电机），其中另外一个接口连接到数字地端口($\perp$)。

（10）输入端 C1~C4。快速脉冲计数端口，最高脉冲计数频率可达 1kHz（每秒 1000 个脉冲信号），如带编码器电机中的编码器信号。还可以作为数字量输入端使用，如微动开关。

（11）9V 输出端。为各种传感器提供工作电压，例如颜色传感器、轨迹传感器、超声波距离传感器、编码器。

（12）ON/OFF 开关。开启或关闭控制板。

（13）扬声器。播放储存于控制板或 SD 卡的声音文件。

（14）9V 输出端。为各种传感器提供工作电压，例如颜色传感器、轨迹传感器、超声波距离传感器、编码器。

（15）纽扣电池仓。TXT 控制板包含实时时钟（real-time clock）模块，该模块由一个 CR 2032 纽扣电池供电。控制板可以输出时间数据。当电池没电后，应当打开电池仓盖，并替换新电池。

（16）通用输入端 I1~I8。这些都是信号输入端，在 ROBO Pro 软件下，可以被设置为：数字量传感器（微动开关，干簧管，光敏晶体管），数字量 5kOhm；

红外轨迹传感器，数字量 10V；

模拟量电阻类传感器（NTC 电阻，光敏电阻，电位计），0~5kOhm；

模拟量电压类传感器（颜色传感器），0~10V，显示测量到的电压（单位为 mV）；

超声波距离传感器，显示测量到的与前方障碍物的间距（单位：cm）。

4.3.6.2　外接设备

相关平台提供许多外接设备可以直接连接到 TXT 控制板，并可以利用程序进行信息接收或者行为控制。一类外接设备是执行器，如电机、蜂鸣器、电磁铁、电磁阀（气动）等。部分执行器如图 4-19 所示。

还有一类外接设备是传感器，其输入到 TXT 控制板的信号分数字量和模拟量两类。常用的传感器包括微动开关、电磁传感器（干簧管）、光敏传感器（光敏晶体管，光敏电阻）、热敏传感器（NTC 电阻）、超声波传感器、颜色传感器、红外传感器（轨迹传感器）、电位计、编码器等。部分传感器如图 4-20 所示。

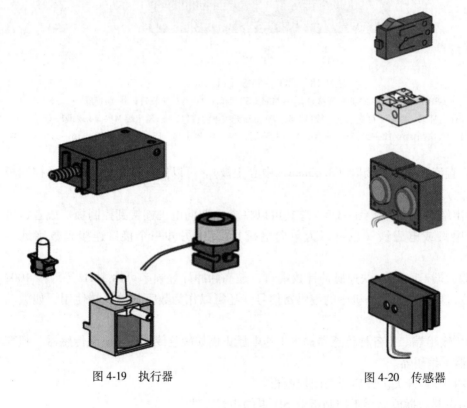

图 4-19　执行器　　　　　　　　　　图 4-20　传感器

4.4　教育机器人编程软件

ROBO Pro 图形化编程软件为 ROBOTICS TXT 控制板的专用编程软件，可以针对控制器进行编程控制，实现机器人的自动化控制。该软件在 Windows 平台下运行，界面友好、功能丰富。ROBO Pro 支持多任务程序、子程序调用、浮点数和整数计算、全局变量、简单表达式、复合条件判断以及循环嵌套等。ROBO Pro 软件主要包括编程模块、操作模块、绘图、库等四大模块组。下面对各模块组分别简单介绍。

4.4.1 编程模块

编程模块包括基本模块、子程序 I/O、发射接收模块、变量定时器、指令、比较等待、接口板输入/输出、运算符共 8 大功能模块。

4.4.1.1 基本模块

基本模块中，除开始、结束模块外，鼠标右键单击模块，都可对其进行属性设置。各基本模块的功能作用如表 4-2 所示。

表 4-2　各基本模块的功能作用

模块	功 能 作 用
开始	程序流程必须由"开始"模块作为开头，否则流程就无法执行。对于多流程程序，每个流程都必须由"开始"模块开头，各个不同的流程同时开始启动
结束	如果一个流程结束，最后一个模块的出口应该连到"结束"模块。流程也可以在各个不同的地方用此模块终结，也可以将各个不同模块的出口连到同一个"结束"模块。当然，流程也可能是没有结束的循环，不含"结束"模块
数字量分支	根据某一个数字量输入 I1~I8 的状态，用数字量分支模块在其中一个方向上控制程序进程
模拟量分支	除了数字量输入，控制板的 I1~I8 端口还可以作为模拟量使用。用此模块可以将模拟量输入值和固定值进行比较，根据比较结果，来确定分支的 Y 或 N 出口
延时	用延时模块可以使流程执行延迟一个所设定的持续周期。延时时间范围可以从 1 毫秒到 500 小时。延时时间越长，精度越低
电机输出	用该模块可以改变控制板的两极输出 M1~M4 中某一个的状态。控制板的输出可以是电机，也可以是灯或者电磁铁。对于电机，可以设置它的转向和速度
带编码器电机	允许带编码器电机的多项控制。可以控制单个电机转动一定的脉冲数，也可以控制两个电机同步转动
灯输出	该模块可以改变控制板的单极输出 O1~O8 中某一个的状态。控制板的输出既可以成对地用作电机输出，也可以用作单个的灯输出 O1~O8。与电机输出不同，灯输出只占用一个接线端，因此可以控制 8 个灯或者电磁阀。灯的另一个接线端连接到接口板的接地端。当然，也可以将灯的两个接线端直接连接到控制板的输出，这样更实用
输入等待	等待直到控制板的某个输入变为特定状态或者其状态由某一特定方式改变。当然，用"数字量分支"模块可实现相同功能
脉冲计数器	使用这些脉冲齿轮，可以使电机运行精确定义的圈数，而不是一段给定的时间。为此，必须对控制板输入端的脉冲进行计数。由"脉冲计数器"模块来等待一个用户自定义的脉冲数
循环计数器	用该模块，可以很方便地让程序的某一部分执行多次。根据计数器的值是否大于预设的值，循环计数来选择 Y 或者 N 为出口
音乐播放器	ROBOTICS TXT 控制板包含内置喇叭，可以发出各种音乐响声

4.4.1.2 子程序 I/O

在这个模块组中有子程序所需要的程序模块。通过编写子程序，可以使程序总体框架模块化，使程序结构规范，流程清晰，便于编写与阅读，同时，子程序的应用使程序的扩充变得简单，对于目前庞大的程序就显得十分必要。各模块的功能作用如表 4-3 所示。

表 4-3　子程序 I/O 各模块的功能作用一览表

模块	功能作用
子程序入口	子程序都由"子程序入口"开头。一个子程序可以有一个或多个子程序入口。主程序或者上层子程序通过这些入口将控制转入子程序
子程序出口	用"子程序出口"来关闭子程序。一个子程序可以有一个或多个子程序出口。子程序通过这些出口将控制转回主程序或者上层子程序
子程序指令输入	通过"Subprogram command input（子程序指令输入）"模块，子程序可以关联到输入模块，如主程序中或上一层的子程序的开关，或者来自变量模块的值，比如坐标
子程序指令输出	通过此模块，各种指令如向左、向右、停止等可以传送到主程序或上层子程序的电机输出或其他输出模块

4.4.1.3　发射接收模块

在这里，主要了解通过蓝牙发射与接收信息的模块。各模块的功能作用如表 4-4 所示。

表 4-4　发射接收各模块的功能作用一览表

模块	功能作用
发射器	使用信号发射器，可通过蓝牙发送指令或信息，这样几个机器人之间就可以进行交流了
接收器（命令接收分支）	接收器指令与发射器指令配合使用，根据是否接收到某个指令，分支会有 Y 或 N 端口。带有命令接收分支的接收器模块可以接收指令，但是不能接收指令的数值
接收器	这个接收器指令，只能接收指令的数值，无需注明该模块需要接收哪一个命令，这个模块将所有接收到的指令数值输出
等待命令	用于等待指令。并不是等待发送到控制板的指令，而是等待左侧输入端口的指令
命令过滤器	使用命令过滤器，可以重新定义指令名称。当一个特定的指令被发送到该模块的左侧入口端，模块发送另一个命令到与右侧出口端相连的模块，同时保持指令数值不变
更换指令数据	使用该模块可更换指令的数值。与命令过滤器配合使用，可以将一个指令变为多个不同名称，不同数值的指令
I2C 写入	该模块将指令或数据发送到控制板的 I2C 接口。使用 I2C 接口需要丰富的电气元件使用经验和相应的测量仪器
I2C 读取	该模块读取控制板 I2C 接口的数据。描述与 I2C 写入模块相同。当使用子地址时，I2C 读取模块首先在写入模式下发送一个地址字节，随后发送 1~2 字节长的子地址。然后该模块在 I2C 总线上重新启动，再次发送设备地址，这次在读取模式下，随后读取 1~2 字节的数据。如果没有使用子地址，会直接在读取模式下发送地址字节，随后读取数据

4.4.1.4　变量定时器

这一组的程序模块可以储存一个或多个数字值，我们可开发带存储的程序。各模块的功能作用如表 4-5 所示。

表 4-5 变量定时器各模块的功能作用一览表

模块	功 能 作 用
全局变量	每个变量可以存储一个−32767 到 32767 之间的数值。变量的值可由连接一个赋值模块到指令模块的左边来设定。也可以在属性窗口中赋予变量一个初始值,并保持直到其收到第一个指令改变值。所有同名的全局变量模块使用同一个变量,而且总是有相同的值
局部变量	局部变量的运用和全局变量几乎相同,只有一点区别:局部变量只是在定义它的子程序中有效。即使在不同的子程序中两个局部变量同名,它们也是截然不同的独立的两个变量。即使同一个程序同时并行执行几个流程,每个流程中的子程序都有一套独立的局部变量。局部变量只在定义它们的子程序中发生作用,所以在程序开始时并不赋予局部变量初始值,而是在每次启动相关的子程序之时赋予。因为子程序被调用多次,每次都完成相同的任务,所以一般在每次调用时变量都设置为相同的初始值
常量	和变量一样,常量也有一个值,但是常量的值不能由程序来改变。如果子程序中总是使用一个相同的值,可以将一个常量和一个子程序符号的数据输入相关联。常量在运算符计算中也是非常实用的
定时器变量	定时器变量的运用根本上和变量相似,甚至正常变量与静态变量的区别对于定时器也适用。唯一的区别是定时器变量以固定的时间间隔对存储值进行倒计时,直到其值为零。定时器的值一旦到达零,就保持在零。如果定时器的值变为负值,比如通过减法指令,其值会在下一个时间步长返回零
列表	列表模块相当于一个变量,其中不仅可以存储一个数值,还可以存储多个数值。变量中可存储的数值的最大个数可以在其属性窗口中设定

4.4.1.5 指令

这一组的所有程序模块都是指令模块。根据它们的应用,也可以称为信息模块。指令模块执行时,控制流程从顶部蓝色输入端进入,向与其右侧相连的模块传递一条指令或信息。该组有各种不同作用的指令,如向左、向右,或者停止等。一个模块通常只能接收某些指令。大多数指令都附带一个值,如"向右"指令附带的值,是 1~8 的某个指定的速度。但"停止"指令没有附加值。各模块的功能作用如表 4-6 所示。

表 4-6 指令各模块的功能作用一览表

模块	功 能 作 用
赋值	赋值指令将一个数值分配给接收者。通常,它用于为变量、定时器变量、列表模块或者面板输出赋值。但是赋值指令不仅可以由指令模块传递,也可由所有带数据输出的程序模块来传递。输出数据改变的时候,所有模块传递赋值指令。可以这么说,所有带数据输出的程序模块都有一个内置的赋值指令
加	指令加可以传递到变量或者定时器变量来增加变量的值。指令加可以附带任何一个想要的值,并加到变量上。由于指令附带的值也可以为负,变量的值也可以用此指令来减少
减	指令减和上述的指令加比较相似。唯一的区别在于,该指令所附带的值会从变量的值里面减去
向右	向右指令传递到一个电机输出模块来切换电机到顺时针方向。速度值从 1 到 8
向左	向左指令传递到一个电机输出模块来切换电机到逆时针方向。速度值从 1 到 8

续表 4-6

模块	功　能　作　用
停止	停止指令传递到一个电机输出模块来停止电机。停止指令不传递任何值
开启	开启指令传递到一个灯输出模块来将灯打开。开启指令也可以传递到电机输出模块，相当于"向右"指令。但是，对于电机，最好用"向右"指令，因为这样可以直接辨识旋转方向。其值为亮度或强度，从 1 到 8
关闭	关闭指令传递到一个灯输出模块来将灯关闭。关闭指令也可以传递到电机输出模块，相当于"停止"指令。关闭指令不传递任何值
文本	文本指令是一条特殊的指令，它并不向所连接的模块传递一条带数值的指令，而是传递所选择的一个文本。只有面板中的文本显示指令可以处理"文本"指令
添加数值	添加数值指令是针对列表的一条特殊指令。该指令附带着一个数值，用来添加到列表的末尾。如果列表已满，则会忽略这条指令
删除数值	删除数值指令是针对列表的一条特殊指令。使用该指令，可删除列表末尾的任何数值。想要的号码作为数值随指令附带，如果这个值大于列表中元素的数量，列表中所有的数会被删除。为了完全删除列表，可以传递一条带最大值"32767"的"Delete"指令
交换数值	交换数值指令是针对列表的一条特殊指令。用这条指令，列表中所有的元素都可以和第一个元素交换。与第一个元素交换的这个元素的编号作为数值随指令附带。列表第一个元素的编号为 0。如果指令附带的值不是一个有效的序号，列表模块会忽略此指令

4.4.1.6　比较等待

这一组中的程序模块主要用于程序控制的分支或延迟程序的持续运行。各模块的功能作用如表 4-7 所示。

表 4-7　比较等待各模块的功能作用一览表

模块	功　能　作　用
判断（带数据输入）	该模块将来自数据输入端"A"的数值和一个固定但可自由定义的值进行比较。根据比较是否成立，决定模块的分支以"Y"或者"N"为出口
与固定值做比较	在该程序模块中，数据输入端 A 的数值与一个固定值（该固定值可自由定义）进行比较。根据比较结果，决定不同的分支为出口。 该比较模块可以用两个判断模块来代替。在很多情况下，一个模块更容易理解。该模块不适用于浮点数，因为浮点数容易产生舍入误差。所以询问两个值是否完全相同可能是不合理的。可以与程序分支进行双向比较
比较	在该程序模块中，数据输入端 A 和 B 的数值可以相互比较。根据比较结果，决定不同的分支为出口。这个模块最常见的应用是将目标值和实际值进行比较
延时	用这个模块，可以将时间延时编进程序中。当轮到其执行时，时间延时就开始了。当延时时间一到，程序就继续执行
等待	"等待"程序模块可以阻止程序的执行，直到发生一个变化或者在模块的数据输入端达到一个特定的状态
脉冲计数器	这个程序模块在继续执行程序之前，在左侧的数据输入端等待可定义数量的脉冲。这对于用脉冲齿轮的简单定位任务是非常实用的。对于更精确的定位，如用变量值，必须使用带变量的子程序

4.4.1.7　接口板输入/输出

这一组的程序模块包含所有的输入和输出模块。各模块的功能作用如表4-8所示。

表4-8　接口板输入/输出各模块的功能作用一览表

模块	功能作用
通用输入	控制板的8路通用输入 I1 到 I8 可以作为数字量或模拟量输入。可以将传感器连接到这些输入端
计数输入	可将数字量传感器或编码电机中的编码器与之相连。对于每一路计数输入如 C1，在 ROBO Pro 中有两种计数输入模式，C1C 和 C1D。C1D 模式与普通的数字量输入相似。C1C 模式用于计数输入，记录 C1 端口的脉冲数，可通过向相应的电机模块发送复位（reset）命令对计数器复位。除非对应电机接口上没有连接带编码器电机（例如 M1 端口对应 C1 端口），否则这些端口只能为带编码器电机服务
电机到位输入	这些输入不是实际输入，而是控制编码电机的逻辑输入
电机输出	该模块可以控制控制板的四路双向电机输出端。一个电机输出通常使用两个控制板接口，而灯输出只用一个接口。必须通过指令模块向电机输出发送指令来控制其输出。另外，电机输出模块可以接收扩展电机控制指令（同步，距离，复位）
灯输出	该模块可以控制接口板 8 路单极灯输出 O1~O8 之一。灯输出只用了控制板的一个输出端口，灯的另一根线接到了控制板的接地端。在这种接线方式下，负载灯只能打开或者关闭，你无法改变它的极性。必须通过指令模块向灯输出发送指令来控制其输出
面板输入	通过该模块可以更方便地在电脑上控制这个模型。按钮、滑动条和数据输入模块可以在面板中使用。这些模块的状态可以在程序中通过面板输入模块查询。面板只能在在线模式下使用
面板输出	除了用按钮和其他输入模块来控制某个模型，也可以在面板中插入显示模块。如可显示机器人轴的坐标或者极限开关的位置。可通过在程序中插入一个"面板输出"模块并向它发送赋值指令来更改要显示的值。面板只能在在线模式下使用
摄像头输入	4.x 或更高版本的 ROBO Pro 软件支持 USB 摄像头。在摄像头窗口可以添加摄像头识别区域，用以识别颜色、运动物体、线条或小球。可通过"摄像头输入"查询识别区域的返回值

4.4.1.8　运算符

该组中所有程序模块都称之为运算符。运算符有一个或多个橙色数据输入端，来自数据输入端的数值通过运算符组合得出一个新值，此新值由运算符输出端通过赋值指令传递。所有的运算符使用相同的属性窗口。通过属性窗口，可以将一个运算符转换为另一个运算符。各模块的功能作用如表4-9所示。

表4-9　运算符各模块的功能作用一览表

模块	功能作用
算术运算符	软件共有加、减、乘、除四种基本的算术运算符，带有两个输入端。如果"减"运算符的输入端超过两个，所有后来输入值从 A 输入端的数值中减去。如果"减"运算符只有一个输入端，则运算符改变输入值的符号。 如果"除"运算符的输入端超过两个，则输入端 A 的数值被所有其他输入值相除

模块	功 能 作 用
逻辑运算符	软件共有与、或、非 3 种逻辑运算符。逻辑运算符将一个大于零的值看作 yes（是）或 true（真），并把一个小于等于零的数看作 no（非）或 false（假）。数字量输入返回一个值"0"或者"1"，这样"0"被看作 false（假），而"1"看作 true（真）。 逻辑运算符的功能也可以用几个判断模块来模拟，但是用运算符来组合多个输入通常更容易理解
函数	函数模块与运算符类似，但是只有一个输出，函数模块包括三角函数、开平方、指数、对数

4.4.2　操作模块

操作模块包括显示、控制模块、摄像头共三大功能模块。可用显示模块来显示变量值或者文字信息，控制模块充当模拟量输入的附加传感器。在 ROBO Pro 软件中，可以定义自己的面板，面板可以简化复杂模型的控制。面板显示在电脑屏幕上，且只能在在线模式下工作。

插入面板的每一个面板模块，在程序中都有一个相应的程序模块。一个是"面板输入"，控制模块用，另一个是"面板显示"，显示模块用。可通过这些程序模块在程序和面板之间建立连接。

4.4.2.1　显示

"显示"模块的使用方法和"控制板输出"类似。可以用一个赋值指令传递一个数值到显示模块。各模块的功能作用如表 4-10 所示。

表 4-10　显示模块的功能作用一览表

模块	功 能 作 用
仪表	仪表模块基于一个带指针的模拟仪器。主要用来显示模拟输入量。但也可用来显示变量或其他程序模块。仪表模块在程序中是通过面板显示模块控制的。可通过向程序中相应的"面板显示"模块传递一条赋值指令来设定仪表值。当这些值改变时，几乎所有带数据输出的程序模块，都用赋值指令传递。也可以直接将模拟量输入或者变量连接到"面板显示"模块
文本显示	在文本显示模块中，可以用来显示数字值、文本或二者的混合。在程序中文本显示是通过面板显示模块控制的
指示灯	指示灯是最简单的一种显示类型。其功能类似于连接到控制板输出的小灯元件。指示灯是用程序的面板输出来控制的

4.4.2.2　控制模块

控制模块的用法和控制板输入是类似的。各模块的功能作用如表 4-11 所示。

4.4.2.3　摄像头

摄像头可以通过 USB1 接口连接到 ROBOTICS TXT 控制板。摄像头拍摄到的画面可以通过 USB 数据线或者 Wi-Fi 传输到电脑，并在软件中显示。也可以将摄像头作为一个探测

表 4-11　控制模块的功能作用一览表

模块	功 能 作 用
按钮	可以像连接到控制板输入端的传感器或者开关一样来使用按钮面板模块。按钮模块在程序中通过面板输入模块查询。还可以将按钮像控制板输入那样和面板输入关联，并输出到任何程序模块的数据输入端，比如判断模块。如果按钮被按下，返回"1"值，否则返回"0"值
滑块	可以像电位计一样使用滑块，将其连接到控制板的模拟输入端。与按钮不同，滑块不仅可以返回值"0"和"1"，还可以像模拟输入一样返回许多不同的值。数值的范围可以通过属性窗口来设置

颜色、运动、线条和小球的传感器，在在线模式和下载模式中均可以使用。

（1）摄像头窗口。所有的摄像头设置均在摄像头窗口下。在该窗口下，首先选择摄像头的连接方式，是直接与电脑连接，还是与 TXT 控制板连接。

在摄像头窗口下，可以添加探测模块用于帮助机器人巡线。

当摄像头开启后，摄像头区域的信息可以显示在传感器数值区域，这样就可以知道当前有哪些传感器变量，具体数值是多少。

（2）摄像头探测模块。摄像头可以作为一个多功能传感器，ROBO Pro 软件提供了多种探测模块来满足这个功能。在摄像头窗口下，将模块栏中的探测模块拖拽到显示图像的画面中，并放置在合适的位置。放置完成后，仍可以改变这些探测模块的尺寸。在探测模块的属性对话框中，可调整其参数设置。各探测模块的功能作用如表 4-12 所示。

表 4-12　摄像头各探测模块的功能作用

模块	功 能 作 用
颜色探测器	该模块能够测算出矩形区域内的平均颜色。区域内所有的像素点都包括在内，确保能够测量到正确的平均值，即使是在复杂的图案区域，也会这样进行
运动探测器	该模块可探测矩形区域内的图像是否有物体改变。可以使用这个模块作为报警传感器，用于监测手势（例如挥手）或运动物体
线条探测器	该模块可检测穿过模块刻度线的线条，该模块能够检测线条的位置、宽度和颜色
小球探测器	该模块能够检测白色、灰色或黑色背景上的彩色圆形表面、小球或其他紧凑物体，同时能够给出物体的大小和位置。为了保证这个模块能够正常工作，只能检测彩色的物体
排除物体	该模块用于使探测区域中的某些部分不进行探测，与小球探测器模块配合使用。如模型上的彩色零件可能被错误识别为小球，这时就需要排除物体模块

4.4.3　绘图功能

绘图模块包括绘制形状、文字、线条颜色、线条宽度和填充颜色等功能。在形状子组中包含绘制各种基本几何图形的工具。在文字子组中，可以找到各种尺寸字体的书写工具。其他子组包含改变颜色和线条粗细的功能。

绘图功能的应用不难，下面只就部分内容做一下解释：

（1）绘图对象，如矩形和圆，不像在许多其他程序中按下鼠标键画出来，而是通过点击两次鼠标键，一次在图形左上角，另一次在右下角。

（2）文本并不是在对话框窗口中进行编辑，而是直接在工作区域中编辑。当插入一个新的文本对象时，初始时只显示一个明亮的蓝色框架，现在只需简单地用键盘输入，输入的内容就直接显示在工作区域了。也可以用"Ctrl+V"从剪贴板插入文本。

（3）绘完一个对象，就可以通过移动蓝色控制点对其进行编辑，也可以通过控制点对其进行旋转、扭曲。矩形左上角有两个控制点，若移动第二个较大的控制点，可以移动矩形的角。点击鼠标右键或者按"ESC"键可退出编辑模式。

（4）用绘图功能时，应充分利用绘制菜单下的各种命令。

（5）许多对象有两种以上编辑和绘图模式。在绘制或者编辑对象时，可以用键盘上的"Tab"键在各个模式间切换。比如在绘制圆的时候，可以选择是定义两个边界点还是指定一个圆心、一个边界点。比如在编辑多边形时，可以在点编辑和"旋转"功能之间进行更改。对于文本对象，可以在编辑文本和改变字符大小或者旋转角度等功能之间切换。

（6）可以通过按"Ctrl"键加上数字键区的"1~9"中的一个，来改变文本对象的对齐方式。但是这个功能只是在键盘上的"Num-Lock"灯点亮的时候才有效。如果其未亮，必须先按一下"Num"键。

用绘图功能，可以使我们的面板和程序图示化，使得它们的功能更清晰。

4.4.4　库

库初始分为组合包组和扩展组两个主要的组。在组合包组里，可以找到用于特定的组合包里的模型子程序。在扩展组里，可以找到能用于所有模型的子程序。ROBO Pro 包括了一个预置的子程序库，用户可以很方便地重复使用。当然用户也可以建立自己的库，保存经常使用的子程序。

子程序库包括在已有组合包中用到的子程序，还有用户自己定义的子程序。子程序库使得编写与已有程序相似的程序过程变得简单，用到之前程序中的子程序时可以直接调用，减少了编程周期，简化编程过程。

在调用子程序时，直接左键点击子程序，拉到编程窗口中，操作十分简单。对于已经上手的用户，可以编写自己的常用库，将自己以往编写的带有子程序的程序文档归类在一个文件夹下，文件夹名称任意。

在进一步学习了 ROBO Pro 的编程之后，就可以完成一些相对复杂的程序。

4.4.5　编程前的快速硬件测试

编程前必须先将控制板和电脑相连，以便测试将要新建的程序。但是，根据所连接的控制板的类型，必须进行适当的软件设置和连接的测试。具体步骤为：首先，将随控制板所带的 USB 数据线一端接到已供电的控制板，另一端接到电脑。接着启动软件，设置正确的传感器。然后进行端口设置，正确选择端口和控制板的类型。最后，点击工具栏的"Test"按钮，进行控制器测试。测试窗口会显示控制板有效的输入和输出，根据窗口下方的状态可知道电脑和控制板的连接状态。一旦建立了正确连接，就可以通过控制板测试窗口来测试控制板和与它相连的模型。

4.4.6　程序运行

在 ROBO Pro 软件环境下，程序的运行方式有在线模式和下载模式两种。在线模式中，程序是由电脑执行的。电脑将控制指令（如"启动电机"指令）传送到控制板。因此只要运行程序，控制板必须与电脑相连。而在下载模式中，程序下载到控制板中，由控制板自己执行。程序一旦下载到控制板中，电脑与控制板之间的连接就可以断开了，控制板可以独立于电脑执行控制程序。下载模式非常重要，如为移动机器人编程时，电脑与机器人之间的连接就十分累赘。尽管如此，控制程序还是应该先选择在在线模式下测试，一旦完全测试完毕，程序就可以下载到控制板。

但与下载模式相比，在线模式也有一些优势。与控制板相比，电脑有更多的工作内存，计算速度也更快，这是大型程序的优势。另外，在线模式中，ROBOTICS TXT 控制板，ROBO TX 控制板和 ROBO 接口板可同时被一个程序控制。两种操作模式比较如表4-13 所示。

表 4-13　在线模式和下载模式比较

模式	优　　点	缺　　点
在线模式	（1）程序的执行可在屏幕上显示出来； （2）甚至大程序的执行都很快； （3）多个控制板可以并行控制； （4）支持早先的智能接口板； （5）可以使用面板； （6）程序可以暂停和继续	电脑与控制板必须保持连接
下载模式	电脑和控制板可以在下载后分开	（1）不支持早先的智能接口板； （2）程序的执行无法在电脑屏幕上显示出来

4.5　应　用　案　例

探戈（tango）是双人舞蹈，起源于美洲中西部。探戈舞的伴奏音乐为2/4 拍，是节奏感非常强烈的断奏式演奏，因此在实际演奏时，将每个四分音符化为两个八分音符，使每一小节有四个八分音符。探戈舞机器人设计包括结构设计和控制系统设计两大部分，下边分别介绍。

4.5.1　机器人结构设计

探戈舞机器人结构主要模拟人的身体与运动，机器人本体作为人的身体，采用两个驱动轮实现机器人的运动，驱动轮由电机驱动。当两个电机旋转方向相同、转速也相同时，机器人进行直线运动；两个电机的转速不同时，如一个电机转动，另一个电机停止时，机器人则进行转弯运行；特别当两个电机转向相反时，机器人原地旋转。探戈舞机器人结构简图如图4-21 所示。

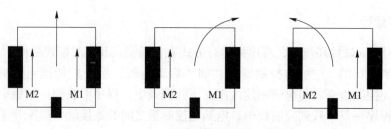

图 4-21　探戈舞机器人结构简图

4.5.2　机器人控制系统分析

探戈舞机器人的控制系统主要是对男士和女士的舞步进行控制，即对电机的运行实现控制。男士舞步包含 3 个阶段，共 8 个步骤，顺序如下：

（1）左脚向前一步（1/4 节拍）；

（2）右脚向前一步（1/4 节拍）；

（3）连续 4/8 节拍的"摇摆步"，摇摆过程中，小步移动，控制重心，首先左脚移动 1/8 节拍，然后右脚移动 1/8 节拍，接着左脚再移动 1/8 节拍，完成摇摆之后休息 1/8 节拍。

接着三个步骤如下：首先，右脚回一小步，靠近左脚，然后左脚让一步，随后右脚再次靠近左脚，以上三步各占一个 1/8 节拍，最后以一个 1/8 节拍停顿结束。

女士步伐的顺序是对称的，即左右交换，前后交换。重复上述步伐直到音乐结束。

现在，我们可以尝试编辑探戈舞步伐，1/4 节拍对应电机旋转一圈。

第一阶段：

左轮向前 1 圈（通常是电动机 M2 左）；

右轮向前 1 圈（通常是电动机 M1 左）。

第二阶段，摇摆步。事实上，机器人无法保持轮子转动而身体不动，同时侧向移动对于机器人来讲，难度比较大。因此在第二阶段中用轻微的转动模拟摇摆，在第三阶段中用小幅度侧向前进模拟侧向让步。第二阶段顺序如下：

左轮返回 1/2 圈（通常是电动机 M2 右）；

右转向前 1/2 圈；

左轮向后 1/2 圈。

第三阶段，右上左退阶段顺序如下：

右轮向后 1/2 圈；

直线向前 1/2 圈；

右轮向后 1/2 圈，左轮向前 1/2 圈。

因此，我们首先设定机器人小幅右转，然后沿左边前行，模拟左侧步伐，之后机器人恢复直线。

4.5.3　探戈舞子程序

根据上述分析，可以将整个跳舞过程分解为几个步骤，每个步骤可以用子程序实现其功能，然后在主程序中对子程序进行调用。这种程序设计思路可以让主程序显得结构清晰易于理解，并且可以对每个子程序进行单独调试，提高编程及调试效率。本例中选择编码电机进行控制。下面以男士舞步为例介绍如何采用子程序实现相关步骤的功能。

（1）转圈子程序。将左轮连接到 M2 输出接口，相应的脉冲开关连接到 C2 输入接口，电机逆时针旋转。"左轮转 1 圈"的子程序如图 4-22 所示，该子程序命名为"left 1/4"。

第一步，开启电机 M2（全速顺时针旋转），然后等待 C2 输入 75 个脉冲。75 个完整的脉冲意味着，等待 1 到 0 的变化 75 次和 0 到 1 的变化 75 次。编码电机可以通过设定脉冲数来控制电机，在属性窗口中选择运行距离，在距离选项处设定为 75 个脉冲。

M1E 命令无需等待电机运转达到其目标，电机运行时，程序可以做其他事情。而这里我们要让电机运转到指定目标。任务完成后，每个电机的输出都有自己的"目标"输入，如电机 M2 的输入为 M2E。

编码电机连接到控制板时，电机需要同时连接到 1 个输出接口（M1~M4）和 1 个计数器输入接口（C1~C4）。编码电机默认相同编号的计数器输入和电机的输出，这就是为什么不能在高级电机控制属性窗口中调整计数器的编号。

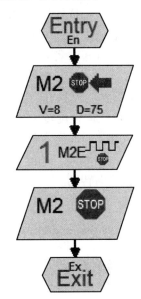

图 4-22 "left 1/4"子程序

电机完成任务后，删除运行距离，电机不再执行向左或向右等一般命令。为此需要使用高级电机控制设定电机停止。

为完善步骤，还需要下面的子程序：

右前转 1/4 拍（如同左前转 1/4 拍，用 M1 和 M1E 代替 M2 和 M2E）；

左后转 1/8 拍（如同左前转 1/4 拍，37 个脉冲代替 75 个半脉冲，电机顺时针旋转）；

右前转 1/8 拍（如同右前转 1/4 拍，用 37 个脉冲代替 75 个半脉冲）；

右后转 1/8 拍（如同右前转 1/8 拍，但是电机顺时针旋转）。

（2）延时子程序。因为暂停时停止转动，不能使用脉冲计数器计算 1/8 拍脉冲，这里可使用延时功能。经计算 37 个脉冲对应约 0.3s，当然这会因模型传动比和电机差异有所不同。1/8 拍暂停的子程序如图 4-23 所示，该子程序命名为"pause 1/8"。子程序除了输入和输出，只包含一个程序指令，但本例中需要暂停两次。创建完子程序后很容易改变暂停时间。

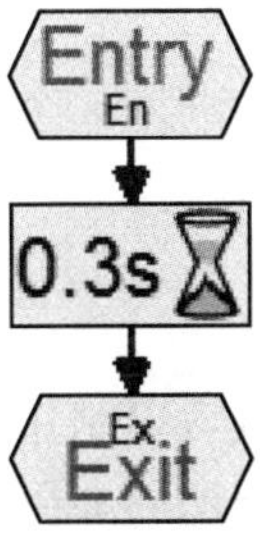

也许读者会认为这里也应该使用延迟时间代替电机的高级控制，这将避免暂停时间和每步运行时间的匹配问题。但缺点是，无法确保左右电机以完全相同的速度运转，从而机器人无法重现舞蹈步伐。

图 4-23 "pause 1/8"子程序

另一方面，即使电池电量不足和齿轮差异等问题，采用电机高级控制，也可确保两个轮子总能前进完全相同的距离。

（3）"直线前进 1/8 拍"子程序。运用高级电机控制的"同步"和"同步距离"功能，可同时控制两个电机。同步控制可确保编码电机以完全相同的速度转动，因此机器人几乎笔直向前移动。然而，由于车轮总有一定的打滑，编码电机不可能完全笔直。本例中，M1 和 M2 以相同的速度运行 75 个脉冲的距离，这可使用远程同步命令来实现。为实现电机同步耦合，两个电机任务完成后，才会发出任务完成信号。因此，等待其中一个任务完成信号即可。最后不要忘记停止两个电机。"直线前进 1/8 拍"子程序如图 4-24 所示，该子程序命名为"forward 1/8"。

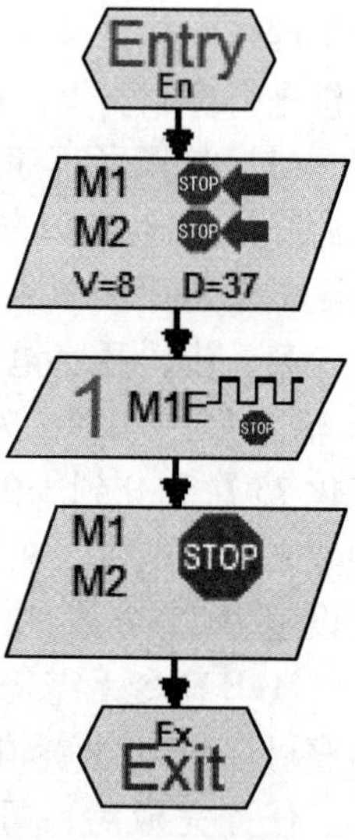

实践一下，与单独对每个电机进行"距离"控制相比，使用"同步距离"控制后机器人是否真的移动更加准确？

（4）"原地旋转 1/8 拍"子程序。本例中最后一个子程序是让机器人在停止时向右旋转 37 个脉冲。此时，再次使用高级电机控制的"同步距离"功能，为了完成"1/8 拍转向"子程序，需要两个电机反向转动。

想一想，M1 和 M2 应如何转动才能实现模型原地右转？

4.5.4　探戈舞主程序

图 4-24　"forward 1/8"子程序

在编写完所有子程序后，就可以开始编写主程序了。图 4-25 为男士舞步主程序运行探戈舞的循环步骤。读者可尝试使用循环计数功能，在 1 次循环中进行 5 次探戈舞步。为此运用复制和插入功能，将主程序内容复制到 1 个新的子程序中，并添加 1 个输入和输出子程序，这样就可以在 1 次循环中运行 5 次这个子程序。

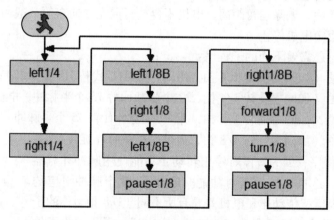

图 4-25　男士舞步主程序

读者可制作一个机器人，用自己编写的程序或已有的程序测试一下。

众所周知探戈舞需要两个人完成，且男女步伐是对称的，因此可根据男士舞步程序改编出女士舞步程序。仍然是先编写子程序，再编写主程序。首先打开男士舞步程序，另存为一个新的名称，然后改写子程序，如向前左转 1/4 拍改为向后右转 1/4 拍，此时必须将 M2 改为 M1，同时改变旋转方向。改编完成后重新命名子程序，这样在此后主程序中，子程序名称会自动变更。女士舞步主程序如图 4-26 所示。

想一想，为什么"转动 1/8 拍"子程序男士舞步和女士舞步是一样的？改变左右转向（调整子程序中 M1 和 M2），在子程序中调整电机转向来改变机器人向前和向后的步伐，改写后的子程序与原子程序进行对比，看看是否发生变化。

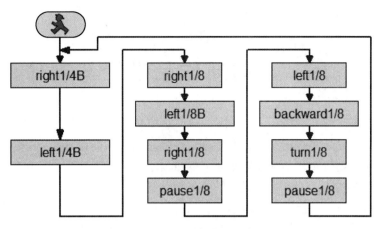

图 4-26　女士舞步主程序

将两个机器人分别下载男士舞步和女士舞步程序，如下图 4-27 摆放，且同时启动两个机器人，测试一下程序运行情况。

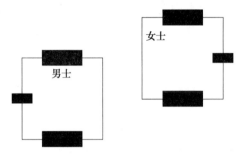

图 4-27　两个探戈舞机器人位置

由于电机和蓄电池性能并不完全相同，电机不能迅速反应做出精准动作，因此即使同时启动两个机器人，它们的运行效果也逐渐会出现明显区别，从而导致舞步无法严格对称。那么请想一想，如果让两个机器人在较长时间内舞步保持一致，应如何实现？

思　考　题

4-1 请根据机电一体化系统的概念列举几个相关的产品，并说明与传统产品相比新产品具有什么优势？

4-2 根据传感器的工作原理，设想一下能用它们来做什么，能创新一个什么产品（项目）？

4-3 在原有机器人的基础上，开展机器人的功能扩展创新设计。

　　要求：在机器人的基础上，扩展其功能；根据设计的运动与动作，构思其扩展功能部分的机构运动方案，并分析其动作与控制原理，设计出扩展功能的结构。

4-4 用你熟悉的创新实践平台，选择合适的传感器搭建一自动车库门并为其编写程序，要求车子开到车库门前，车库门自动打开，进入车库，驾驶员离开后自动关门。

4-5 用你熟悉的创新实践平台，选择合适的传感器，搭建一机器人并为其编写程序，使其能自动记录室内温度值。

4-6 你是否还有其他比较熟悉的控制器，请利用最熟悉的控制器设计一个机电一体化作品。

5 创新作品设计与制作

创新理念需与设计实践相结合，发挥创造性的思维，才能设计出新颖、富有创造性和实用性的新产品。创新实践是提高创新能力的重要手段。学生通过学习可以熟悉各种创造性思维方式与创新技法，了解大量成功的创新设计实例，了解机械基础知识。但是要真正掌握这些知识与方法，并能够正确地运用，只有通过大量的创新实践。本章通过几个案例展示如何利用创新实践平台的软硬件进行创新产品的设计与制作。

5.1　家用防疫安全卫士

家用防疫安全卫士主要用于人们对自身进行全方位、自动化消毒。下面从设计背景、产品功能、机构的创新、创新点及应用前景等方面进行介绍。

5.1.1　设计背景

自新冠疫情出现以来，人们对疫情防控和自身防护的需求与日俱增，在大多公共场所，都会设有专门的工作人员进行消杀，以保障人们的安全。回到家中，为了家人的安全，人们也习惯对自己进行简单消杀，如用洗手液洗手，对衣物进行消杀等。然而一般的消杀方法不能彻底对人员及衣物进行消杀，且会占用大量时间。另外，若家人协助新入室人员进行消杀，还容易产生交叉感染。因此，家用防疫安全卫士应运而生，该产品集室内消毒、室内空气优化、人员及其衣物安全消毒等功能于一体。

5.1.2　产品的功能及实现

家用防疫安全卫士有紫外线衣帽消毒、鞋子消毒、环境消毒优化、挤压洗手液、全身消毒等五大功能模块。

（1）紫外线衣帽消毒功能。在电机驱动下，相互啮合的齿轮带动丝杠转动，达到衣架外伸的效果，待使用者挂好衣帽，衣架自动返回衣橱内，进行消毒照射。待消毒时间达到设定值后，自动送回，方便取出。同时为防止紫外线对人体皮肤的伤害，该设备顶部四周设有光敏传感器，实时检测，整个过程操作简单、安全。

（2）鞋子消毒及紫外线环境消毒功能。使用者将鞋子放到指定位置后，触碰开关，5秒延时后即进入消毒阶段，待时间到达设定值，紫外灯自动熄灭，使用者将鞋子取出即完成鞋子消毒过程。该设备外侧的紫外灯组可对环境进行消杀，待家中无人时，配合全向移动底盘，无死角灭菌杀毒。

（3）多功能环境优化功能。系统可通过定时自动启动或人工手动启动的方式开始。启动后系统会提示选择需要的分液瓶转动到传送带前，升降台下降使分液瓶到达传送带上，此时分液瓶底部和传送带上的魔术贴黏在一起，以防止分液瓶滑落，同时齿轮升降台上升使得分液瓶完全放在传送带上，分液瓶随着传送带移动到按压台，按压台上的齿轮升降装置可以进行快速有力的按压进行喷雾，随着小车的移动水雾将遍布室内空间，从而完成环境的消毒、增湿、清洁等功能。

（4）感应挤压洗手液功能。丝杠在电机的带动下旋转，滑块沿丝杠上下移动，与滑块铰接的连杆带动压板沿其转动中心摆动，达到挤压洗手液的功能。而装置前部的光敏传感器配合光源进行时刻检测，以达到"手放"自如，灵活感应的目的。

（5）全身消毒功能。通过电机的转动以及齿轮的传动作用配合曲柄摇杆机构的机构特点，实现消毒液喷口的上下大幅摆动以完成对人的全身消毒。

5.1.3 机构的创新

家用防疫安全卫士整体结构如图 5-1 所示，集五种功能于一身。

图 5-1　家用防疫安全卫士
1—紫外线衣帽消毒机构；2—多功能环境优化机构；3—洗手液感应挤压机构；
4—全身消毒机构；5—可循迹式全向移动底盘

（1）紫外线衣帽消毒机构。紫外线衣帽消毒机构如图 5-2 所示，主要零部件由电机 1、减速齿轮箱 2、光敏传感器 3、丝杠 4、小齿轮 5、大齿轮 6、外部消杀灯组 7、内部消杀灯组 8、紫外灯 9、微动开关 10 及支撑框架 11 组成。

电机 1 与齿轮箱 2 连接，而齿轮箱一侧的大齿轮 6 与丝杠 4 左端的小齿轮 5 相互啮合，从而实现电机带动丝杠旋转的目的。在支撑框架的四周设有四个光敏传感器 3，主要作用是检测四周的光亮强度，当某一或某几个方向的传感器检测到有遮挡（人走过）时，会将信号传给控制器以执行相应后续程序，防止紫外线对人体皮肤造成伤害。外部消杀灯组 7以及内部消杀灯组 8 安装在四周的支撑框架 11 上，分别针对不同的情况、不同的场合进行亮灯消杀工作，因与控制器相连，灯组的亮灭，发光强度以及亮光（消杀）时间均可智能调节。设备最下侧为专门为鞋子进行消杀的消毒柜，紫外灯 9 安装在柜顶，从而实现对鞋子的消毒。

（2）多功能环境优化机构。多功能环境优化机构如图 5-3 所示，主要由电机 1、蜗杆 2、

图 5-2　紫外线衣帽消毒机构

1—电机；2—减速齿轮箱；3—光敏传感器；4—丝杠；5—小齿轮；6—大齿轮；
7—外部消杀灯组；8—内部消杀灯组；9—紫外灯；10—微动开关；11—支撑框架

图 5-3　多功能环境优化机构

1，4，9，14，18—电机；2—蜗杆；3—大齿轮；4—电机；5—减速齿轮箱；6—丝杠；7—转臂；8—齿条；
10—齿轮箱；11—喷壶固定环；12—微动开关；13—托杆；15—齿轮；16—传送带；17—挤压台；19—魔术贴

大齿轮3、电机4、减速齿轮箱5、丝杠6、转臂7、齿条8、电机9、齿轮箱10、喷壶固定环11、微动开关12、托杆13、电机14、齿轮15、传送带16、挤压台17、电机18以及魔术贴19组成。

电机1与蜗杆2连接，蜗杆与大齿轮3啮合，从而实现电机带动大齿轮转动。大齿轮上方是该机构的主要部分。电机4通过减速齿轮箱5与丝杠6相连，丝杠通过在其上的连接块连接三根转臂7，转臂的下方是两根插接的托杆，以托住喷壶，转臂的一侧固定有齿条8，喷壶固定环插接于电机14，而电机14可以在齿轮箱10的作用下，以及配合齿条将转动转为平动，实现固定环的上下移动。电机14与齿轮15相啮合，而齿轮15及另一个从动齿轮共同带动传送带16运作。当喷壶来到挤压台17处时，电机18配合齿轮箱以及齿条（与喷壶固定环的装配方式相同）带动冲头上下移动，实现对喷壶的按压。同时为防止喷壶在向前运送过程中出现位置变化从而将喷壶重新拉回到传送带，在传送带的上方及喷壶下方粘有魔术贴19。

（3）洗手液挤压感应机构。洗手液感应挤压机构如图5-4所示，主要由支撑架1、丝杠2、电机3、减速齿轮箱4、连杆5、压板6、光源7以及光敏传感器8等部件组成。

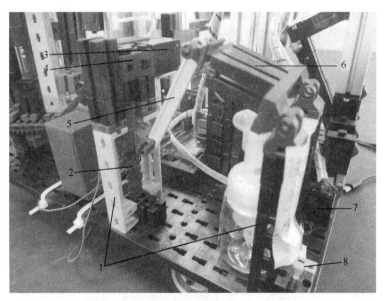

图5-4　洗手液感应挤压机构整体装配图

1—支撑架；2—丝杠；3—电机；4—减速齿轮箱；5—连杆；6—压板；7—光源；8—光敏传感器

电机3连接减速齿轮箱4，齿轮箱一侧的传动轴与丝杠2相连，达到电机带动丝杠旋转的要求，同时丝杠通过连接块与连杆5相连，连杆通过销的作用与压板6相连，从而实现通过电机的旋转带动压板围绕自己的旋转中心进行转动，以实现对洗手液的按压。支撑架1的前端分别安装有光源7及光敏传感器8，以实现无接触式挤洗手液功能。

（4）全身消毒机构。全身消毒机构如图5-5所示，主要由电机1、减速齿轮箱2、大齿轮3、小齿轮4、凸轮5、连杆6、微动开关7以及摇臂8组成。

电机1与减速齿轮箱2相连接，齿轮箱一侧的传动轴与小齿轮4装配一起，小齿轮4与大齿轮3相互啮合以传递动力，大齿轮与凸轮5同轴连接，凸轮通过销的作用与连杆6

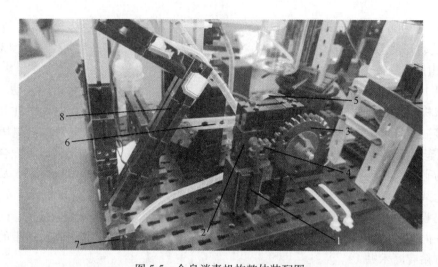

图 5-5   全身消毒机构整体装配图

1—电机；2—减速齿轮箱；3—大齿轮；4—小齿轮；5—凸轮；6—连杆；7—微动开关；8—摇臂

铰接，连杆 6 与摇臂 8 铰接，这样构成的曲柄摇杆机构实现将电机的转动转变为摇臂的摆动，在摇臂上固定相应喷洒设施即可达到全身消毒的目的。

触动微动开关，以电机为动力源的曲柄摇杆机构开始工作，药物喷口随之做大幅度上下摆动，达到全身消毒的目的。消毒时间可自由设定。

（5）可循迹式全向移动底盘。可循迹式全向移动底盘如图 5-6 所示，主要由底盘 1、电机 2、轮胎 3、辅助轮 4、循迹传感器 5 等部件组成。

图 5-6   可循迹式全向移动底盘整体装配图

1—底盘；2—电机；3—轮胎；4—辅助轮；5—循迹传感器

在车底盘 1 下固定着两个电机 2，分别同轴连接两个轮胎 3，底盘前部是两个没有动力源的辅助轮 4，以及固定在底盘下表面的循迹传感器 5。

可提前在需要消毒的环境中布置好指引该安全卫士的黑色贴纸，在循迹传感器的作用下，配合电机的驱动，使其循迹消杀。亦可结合控制器进行自由遥控，使环境优化工作不留死角。

5.1.4 作品的创新性

（1）使用场景创新。现有的智能消毒机构多用于开放的公共场所，而针对较为密闭的室内或家庭环境的可行方案或可用产品较少。

（2）设计巧妙，安全性高。多机构集成化设计，可满足多种防疫需求，且配合传感器的使用，使该机构的安全性、智能性大幅提高。

（3）学以致用，有理可循。在结构设计过程中大量运用机械原理课程知识，用新颖的方式、可靠的机构以及灵活的装配方法实现功能。

5.1.5 作品的应用前景

在当今常态化疫情防控形势下，个体消杀与家庭卫生对每个人来说都是必不可少的。本作品操作简单，自动化程度高，可以定时对房间进行自动净化与消毒，并在必要时对客户进行全身衣物的消毒及洗手液的自动供给。不同药物的切换可以达到对环境的多种优化目的，很适合家庭日常使用，并对疫情的防控有着重要意义，故本作品有着广阔的应用前景，极具推广价值。

5.2 博物馆智能游客计数器

为方便管理，很多场合（例如博物馆）都需要对进出场馆的人数进行实时统计。这就需要一款具有计数功能的产品，该如何利用创新平台进行产品的设计与制作呢？下面按发现问题、分析问题、解决问题的思路，介绍产品的设计与制作过程。

5.2.1 硬件设计

在我们常用的创新实践教育平台中，能够完成计数功能的传感器有很多，本例选择触碰传感器。在博物馆旋转门入口处安装一个传感器，记为 I1，出口处安装一个传感器，记为 I2。当 I1 压下时，程序发送一个加指令到一个变量，记为 Counter，然后程序等待，直到 I1 再次被释放为止。对于在出口处的 I2 传感器，其工作原理与 I1 相同，在这里用的是减指令，将值发送到变量 Counter 中。为了便于观察计数状态，可以配置一个红色警告灯。如果计数器 Counter 的值大于 0，红色告警灯会打开，否则关闭。所以，博物馆的游客计数器程序编写如图 5-7 所示。

运行上述程序会发现当按下传感器 I1 并释放一次，报警灯 M1 会马上亮。如果动一下传感器 I2，报警灯马上熄灭。如果按下并释放 I1 多次，必须也要按下并释放传感器 I2 相同次数才能使得报警灯熄灭。测试一下如果先进来 5 个游客，然后出去 2 个，然后又有 3 个进来。那么需要再按多少次 I2 才能使报警灯熄灭？

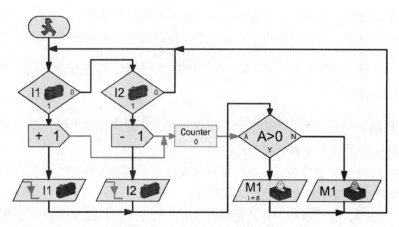

图 5-7   博物馆游客计数器程序

5.2.2　并行进程

上述程序在测试时，发现如果同时按下 I1 和 I2，会出现错误，只要有一个传感器压下后，程序就不能响应其他的传感器了。这是因为在同一时间可能都有游客恰好进入和走出，这样就会产生计数错误。我们可以用几个并行的进程来避免这个错误，程序如图 5-8 所示。在该程序中所有带开始模块的程序都是并行运行的，故称之为并行进程。

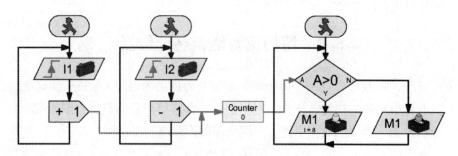

图 5-8   游客计数程序（并行进程）

现在两个互不相关的进程分别使用了 I1 和 I2。如果按下传感器 I1，这对使用了 I2 的进程是没有影响的，而且可以继续监控传感器 I2。还有一个独立的进程用于查询计数器的值和负责报警灯的打开和关闭。

由此可见，多个进程可访问一个变量。可以从多个进程向某变量发送指令，也可以在多个进程中使用这个变量。

思考一下下边这个问题如何解决？现在博物馆有一个新的展览，很多游客都想看这个展览，导致展览拥挤不堪，结果大家都看不到什么东西。所以馆长想限制该展览区域的游客数为 10 人。馆长在这个展览的进口和出口分别安装了旋转门，且展览区人数达 10 人后旋转门自动锁住。

试着去开发这个程序，它的功能基本上和游客计数器相同。这里可以把红色报警灯 M1 看作电控锁，当该展览区域达 10 人时自动锁住。

5.2.3　显示访客数量

解决完上述这个展览问题后，博物馆馆长又想知道一天内有多少游客访问这个博物馆。当然写一个计数程序不是难事，但是怎么把这个值显示出来呢？虽然可以在线执行这个程序，跟踪这个变量的值，但这有些复杂。我们需要再简单一些。

对此，可采用面板功能。面板是一个可以放置显示和控制按钮的页面。对于游客计数器，可选择一个文本显示，并设定好它在面板中的位置，这个显示板就可以显示博物馆游客的数量。另外，还必须在程序中添加第二个变量 Total，用于记录从入口进入的游客数量，这个变量值是不需要减去出口出去游客的值的。接下来，把这个文本显示板和想在文本显示板显示的变量连接起来。为此，需要在程序中插入面板显示模块，放在变量 Total 的旁边。并将面板显示模块和变量连接起来。程序如图 5-9 所示。

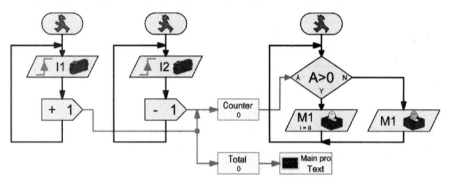

图 5-9　可显示访客数量的计数程序

由此可见，我们也可以用指令模块同时向两个变量发送指令。以在线方式运行一下这个程序，这个显示板就会显示进入旋转门的游客数。

这个程序还不是非常完美，现在还缺少一个计数器复位的功能。可以用普通的按钮开关，也可以在面板上插入按钮，插在文本显示板旁，给它取名称为 Button，输入 0000 作为描述，并以 OK 确认。像文本显示板一样，也需要一个模块将按钮连接到程序。此时，可添加 Panel input 模块，然后在面板中将输入面板和按钮连接起来。完整的带有"清零"功能的程序如图 5-10 所示。

只要按钮 0000 按下去，"＝0"指令会发送到 Total 计数器，并将计数器置零。

5.2.4　模型的定时功能

博物馆有很多只要按一下按钮就会移动的模型。可是有些游客长时间按着按钮，导致模型过热，不得不送出去修理。现在馆长想让模型在按钮按下去时一次最多运行 30s，而且在模型运行完一次后，应该至少休息 15s 后再次运行。针对这个需求，需要做如下两点思考：

（1）在 30s 内，程序必须查询这个按钮看它是否在 30s 之前释放了。可用两个并行的进程解决这个问题。

（2）如果游客在 5s 后松开了按钮并且过了 15s 后又按下了它，那么 30s 的时间延时器

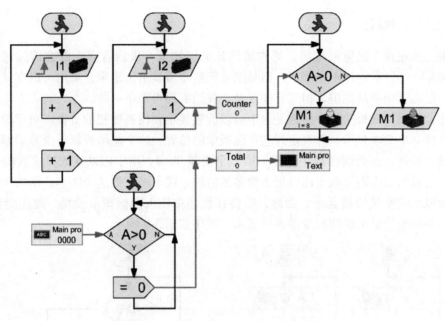

图 5-10　具备"清零"功能的计数程序

必须重新开始。但是时间只延时了 5s+15s=20s，所以还是处于激活状态。即使用并行进程，还是不能让延时重新开始。也许可以在三个进程中使用两个延时交替启动解决这个问题，但这样会带来很多麻烦。

　　比较简单的解决方法就是用定时器。最初，定时器就像一个普通变量，可跟踪数值，还可用赋值、加和减指令改变数值。定时器的特点是它会以固定的时间倒数直到零为止。数值减少的时间间隔可以千分之一秒到一分钟为单位进行设置。许多时间控制问题用定时器比用时间延时器更容易解决。

　　本例中采用定时器的程序如图 5-11 所示。其工作过程为：当游客按下按钮 I1 时，启动模型并且设置定时器，使用赋值指令，30×1s=30s。然后进入循环，检查 30s 定时是否结束或 I1 是否被释放。当二者中某一个条件满足，模型停下并等待 15s，然后重新开始。

5.2.5　带子程序的多定时器模型

　　博物馆的模型一般都配备了控制板，而且程序运行良好。但是像很多公共机构一样，博物馆也受资金的困扰。为节约资金，馆长想在模型中用尽可能少的控制板。本例使用的创新实践平台套件中，一个控制板有四个电机输出和足够的输入去控制四个模型。由于大部分电机只向一个方向旋转，因此通过单级输出 01 到 08 控制最多 8 个电机。这样可以为博物馆省下很多资金。但是必须把

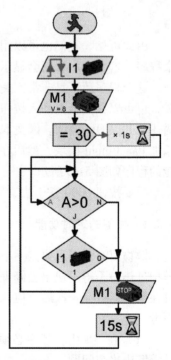

图 5-11　模型的定时功能

程序拷贝 7 次并调整所有的输入和输出。为简化程序，也可以用子程序来实现。

但这样新的问题又出现了。如果在子程序中使用基础模块组中的普通传感器查询的话，每次子程序的调用会查询相同的传感器和控制相同的电机。例如在电机输出模块，用于控制电机的控制指令和电机的输出号码是同一个模块。由于只有一个版本的子程序，所以总是出现相同的电机。如果改变一个子程序调用的电机号码，那么所有调用该子程序中的电机号码都会改变。这样又不得不拷贝子程序 7 次，给每个子程序一个不同的名称，且手工调整所有的输入和输出。

这儿有一个更有效的解决问题的方案。方法是把电机和控制指令分开。然后把控制指令（向右、向左、停止）放入子程序中，将电机模块放在主程序中。在子程序中使用指令模块，然后向主程序发送向右、向左、停止指令，可以把它们分配到各种电机中。对于电机，有一个专门代表电机的模块，它不能确定电机怎么运行。这个模块有一个指令输入，可以将指令发送到这里。这样可以把程序的逻辑从输入和输出中分开。

现在带子程序的多定时器模型就绪了。主程序如图 5-12 所示。

Time 子程序如图 5-13 所示。Time 子程序在主程序中被调用了四次。子程序符号左边连接端 T 用来连接子程序指令输入 Sensor。右边连接端 M 是用来连接子程序指令输出 Motor。子程序符号的连接 T 分别连接了每一个传感器 I1 到 I4。M1 到 M4 中每个电机分别连接了连接点 M。通过这种方式，每次调用子程序 Time 查询不同的传感器并控制不同的电机。

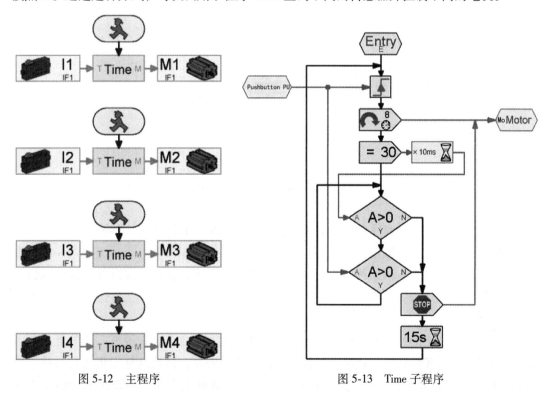

图 5-12　主程序　　　　　　　　　　图 5-13　Time 子程序

5.2.6　记录某展区的光照和温度

通过使用经济的控制系统，博物馆的所有试验设备都解决了。没多久馆长又有了下一个问题：在某个区域放了一些非常昂贵的古董展品，最近那里出现了温度变化，而这对古董是有害的。经分析可知这和光照有关。为了说明其中的关系，需要先做一个设备，用于记录光照程度和温度值。当然本例所用的控制板通用输入端可以接收模拟量信号，我们也知道如何利用变量存放值，所以整个事情应该没问题，每 5 分钟记录两个值，12 小时需要 288 个变量，这样会出现一个非常巨大的程序。虽然也能用子程序来简化它。但是这里有更好的办法，即使用列表模块（阵列）。

列表中可以存放一串数值。最初列表是空的，如果发送"添加（Append）"指令到左上方标志为 S 的数据输入模块中，指令中指定的值会添加到列表的末端。可通过列表（List）模块的属性窗口设置列表的最大长度为 1 到 32767。这样就很容易记录光照和温度。

将温度传感器接在 I7 处，并将亮度传感器接在 I8 处，程序以循环的方式每 5 分钟读取这两个值，并把它们用 Append 添加到列表中去。程序如图 5-14 所示。

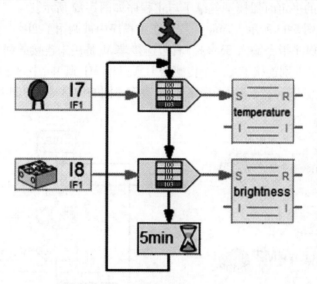

图 5-14   光照和温度记录程序

为了便于测试并展示程序的效果，可以将循环时间从 5 分钟改为几秒钟。

如何才能从列表中将数据读出来呢？第一种方法，可以像读取一个普通变量一样读取它，并在程序中处理它。第二种方法，由于列表中包含多个数据，首先选择要读取的数据的数据编号，在左边的数据输入，标志为 I，然后这个模块的值就会在右边的数据输出模块 R 中给出。

也可以将列表中的所有值保存到电脑文件如 Excel 文件内，对它做进一步的处理。本例中我们只想查看和比较所记录的光照程度和温度值的关系，因此这样做更可行一些。可将数值保存到 CSV 文件中，CSV 文件是一种每一系列数据包含在一列或多列中的文本文件。因此可以将温度和光照的测量值保存在 CSV 文件的不同列中。

以在线模式执行完上述程序后，可在微软的 Excel 或在其他的制表软件中打开 CSV 文件。只要程序还在在线方式运行，就可以通过右击"List"模块查看列表中的数据。

5.2.7 模型密码锁设置

为避免游客误触控制板，采用电子密码锁，对控制板进行保护。电子密码锁是一个含有按键 1 到 6 的键盘，如果三个值依次输入正确，空调控制板的密码锁才会打开。经分析，密码锁程序不仅要查询是否按下了正确的键，还要查询是否有错误的键按下。密码为"352"的密码锁程序如图 5-15 所示。

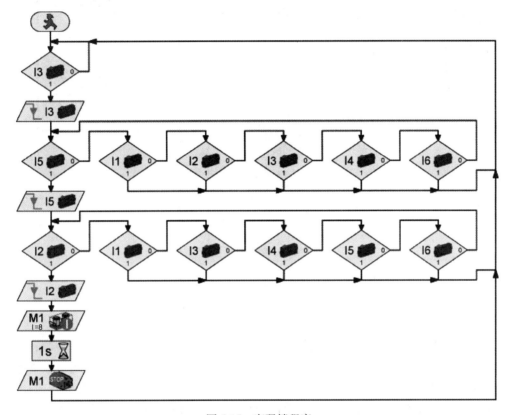

图 5-15 密码锁程序

应用此程序时，只有当按键"3""5""2"依次按下并且这期间没有其他的键按下时，锁才会打开。如果按键"3"按下了，程序会先等该键释放。如果除了"5"之外的其他键按下，程序会重新开始。所以该程序虽然能正确工作，但是它既不够简单也不算突出，而且很难更改密码。有没有更好的办法解决这个问题呢？

用"或"运算符可以很轻松地解决上述问题。将 I1 到 I6 这些输入按钮一起连接到有 6 路输入的"或"运算符上。只要其中一个按钮按下，"或"运算符 OR 产生 1，否则是 0。通过 Wait for 模块，程序等待直到按下其中一个按钮。接着马上测试按下的是否是正确按钮。如果是，等待下一个键的输入，如果不是，程序从头开始。程序如图 5-16 所示。

现在将上述程序做一下修改。在面板中使用面板模块代替按钮传感器，画一个带有 1 到 6 标号 6 个按钮的面板。然后在属性菜单中修改数字量输入。必须用数据输入和分支输入来逐个代替原有的判断模块。

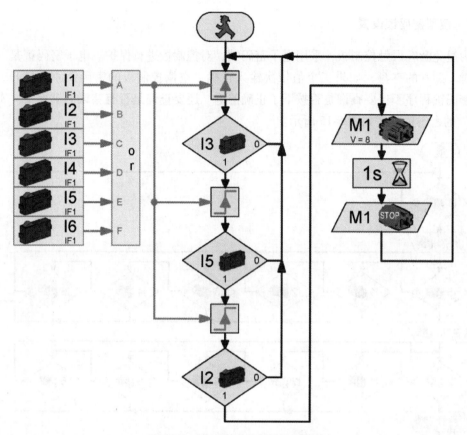

图 5-16 用运算符的密码锁程序

现在密码锁没有问题，但是修改密码"352"仍然不容易。必须修改三个判断模块中的输入。虽然博物馆空调系统的密码没必要经常修改，但是如果将密码锁用于报警系统，可能就要经常修改了。这样将密码保存在变量里会更容易，密码甚至可以自动修改。例如在报警系统中出现了一个静音报警，那么可以用特殊的报警密码代替普通的报警密码。

为比较带有输入的组合变量，必须把输入本身存放到变量中。开始时，输入变量的值是 0。按下键"3"，变量的值应该是"3"，如果再按下"5"，则得到"35"，最后按下"2"，得到变量值为"352"。程序如图 5-17 所示。

带密码变量的电子锁有两个进程。在左边的进程中，用乘法和加法运算符给每个键赋一个数值。键 1 得到 1，键 2 得到 2 等等。键返回值 0 或 1，而且如果乘以一个固定值 X，得到 0 或 X。未按下的键值为 0，把所有的值加起来，得到一个数值。当一个键按下时，输入变量值为 10 乘以前一个值加上按下的键值。乘以 10 使得输入变量已有的值向左移动一个 10 进制位（如 35 变成 350）。

面板上 OK 键按下去后，右边的进程紧接着执行。如果密码变量 Code 中的密码输入正确的话，其值为"352"，这将和输入变量的值进行比较，如果二者相同，电磁铁就被激活，反之则不会。最后输入变量的值复位至 0。

也可以使用比较模块来判断变量 Entry 和 Code 差值是否为 0。

如果同时按下两个键，那么这两个键的值相加。如同时按下 3 和 6，会得到 9。通过

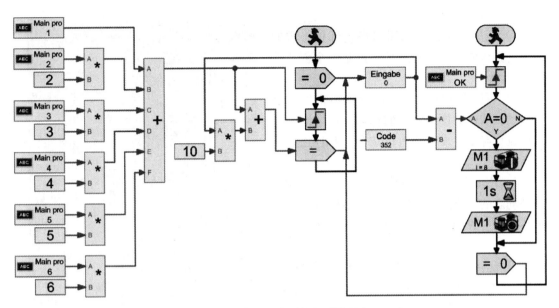

图 5-17　带密码变量的电子锁程序

这种方式，可以做一个超级密码锁，这就要求必须同时按下若干个键才能打开。想一想按哪些键以怎样的顺序才能打开密码为"495"的锁？这里需要提醒一下，当数值增加时，Wait for 模块使程序继续下去，而不仅仅当它从 0 变为 1 的时候。

想一想这个电子锁密码是否能用 2 到 4 个数字？如果可以，最多可以用多少个数字呢？为什么？其他的电子锁程序又是怎么样的呢？

5.3　优秀作品赏析

5.3.1　厨房吊柜概念产品

（1）设计背景。家庭厨房下水管道角落处往往是现代厨房设计的死角或难点。如果把下水管道露在外面，则会影响厨房整体的协调性和舒适性；若用普通的方形吊柜将其挡住，则会影响窗户两侧的开阔性；棱角分明的方形吊柜又会给人较大的压力感，又因高度一般太高而使取物很不方便；并且楼上的用水对管道的冲击声更是让人倍感不舒服。

本着以人为本、增加现代整体厨房设计的协调性与舒适性的设计理念，设计了厨房吊柜这一概念产品，如图 5-18 所示。

（2）技术原理。设计中应用的技术原理有三个方面：

1）巧妙地利用了机构运动原理，设计成可折叠的储物架使吊柜可以上下移动；

2）运用人体工程设计学原理，增加存取物品的舒适度；

3）运用吊柜概念去装饰厨房特定部位，增加厨房整体的协调性和舒适性。

（3）作品的结构。厨房吊柜概念产品主要由储物箱、储物架和传动机构组成，可自动控制，亦可手动控制。储物箱如图 5-19 所示。传动机构如图 5-20 所示。也可用鱼缸去替换储物箱，其工作示意图如图 5-21 所示。

（4）作品的创新性。

1）运用吊柜去装饰厨房特定部位，增加厨房的整体协调性和舒适性，这是一个创造性的设计。

2）可折叠的储物架的设计使吊柜可以上下移动，从而方便了物品的存取。这可以说是机械设计与工业设计的有机结合，并且创意非常新颖。

3）用养鱼的鱼缸去替换储物箱，形成了一种动态的装饰风格；即将一般吊柜对无生命物体的储存演化为特定吊柜对有生命物体的储存。

4）运用人体工程学原理，在设计中充分考虑了中国人体的结构特点，选取适宜的高度，从而增加存取物品的舒适度。

5）圆角吊柜运用曲面设计，给人一种柔美、温和、亲近的感觉，与厨房中运用了平面设计的其他部位相融互补，体现出方与圆结合，并使厨房整体的装饰风格更加协调。

6）置于厨房角落这一特殊部位的吊柜提高了对厨房空间的利用率。

7）放上鱼缸的吊柜可以弱化楼上用水对下水管道的冲击声。并且鱼缸的设计配以水冲击声，会让人感受到大自然的气息，增加了一份浪漫和惬意。

图 5-18　厨房吊柜概念产品

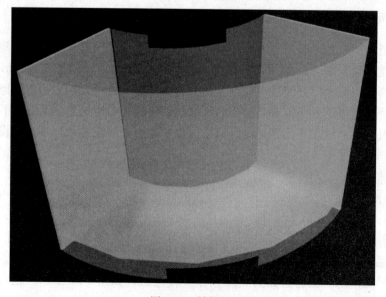

图 5-19　储物箱

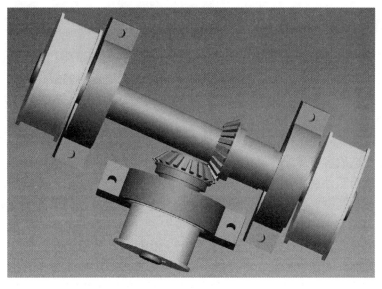

图 5-20　传动机构

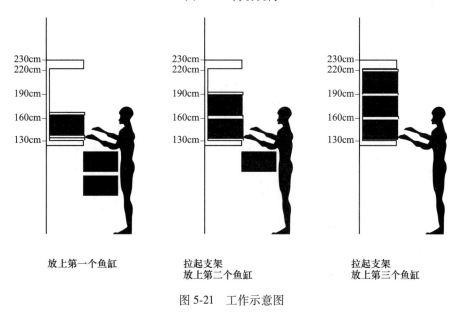

放上第一个鱼缸　　　　　　拉起支架　　　　　　　　拉起支架
　　　　　　　　　　　　　放上第二个鱼缸　　　　　放上第三个鱼缸

图 5-21　工作示意图

（5）作品的应用前景。

1）该产品设计视角独特，创意新颖，它创造性地丰富了整体厨柜产品系列，进一步扩大了产品的适用范围。

2）该产品体现方与圆的结合、刚与柔的并济、动与静的共存、人与物的浑然一体，为现代化厨房增添了一份诗意与浪漫，这进一步增加了设计在提高产品附加值上的比重，更重要的是这会激发消费者的兴趣与购买欲望。

3）该产品可以系列开发，如手动式、机电控制式等。并且应用也非常广泛，可用于厨房、客厅、书房的装饰，也可用于酒吧吧台、中高档酒店等。该产品极具开发价值，并且具有非常广阔的应用前景。

5.3.2　公交车新型投币箱

（1）设计背景及意义。随着国民经济的迅速发展，我国城市化和汽车化的进程也在不断加快，交通压力日益增大。大力发展公共交通是缓解交通压力的最佳方式。据统计，我国的公交车，平均运送乘客 600000 人/（车·年），上海等地可达 9000000 人/（车·年）。但现有的公交投币系统还存在诸多不便。

首先投币速度低，由于投币口设计不够合理，乘客投纸币时不够顺畅，纸币经常会卡在投币口，从而造成客流停滞。其次读卡器使用不便，如读卡器位置过低，字幕显示不够清晰等。最后投币箱外观不够美观，现有的投币箱外观大多为投币箱和公交卡的简单组合，无设计感可言，材料使用的是冰冷的钢铁材料，且表面只是简单的喷涂处理，色彩单调，缺乏亲和力。

针对上述问题，设计了公交车新型投币箱，如图 5-22 所示。该产品可实现公交车上硬币及纸币的分类、整理、计数。将投币、刷卡及分拣多个功能集成于一体，内设多个不同币值的硬币存装箱，解决了现有投币箱后期钱币整理繁杂的问题，使投币箱变得智能化、便利化。

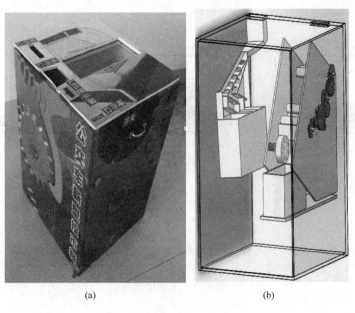

（a）　　　　　　　　　　　　　（b）

图 5-22　公交车新型投币箱

（a）实物图；（b）三维模型

（2）作品的功能。公交车新型投币箱主要包括一元纸币走纸装置、一元纸币计数装置、一元纸币收集装置、五元、十元（略大额）纸币收集装置、硬币分拣和收集装置五个功能模块。投币箱的工作过程如图 5-23 所示。

一元纸币走纸装置包括纸币入口、三相无刷直流电动机、齿轮箱、主动牵引橡胶凹轮、压纸从动轮、钱币牵引轴、钱币碾压轴、钱币导出轴、压板等部件组成。钱币从投入口投入，凹轮滚轴与压制轮配合将钱币简单展开并吸入走纸系统，牵引滚轴将钱币继续卷入，碾压轴将钱币进一步压平，最后通过导出轴将压平的钱币导出。

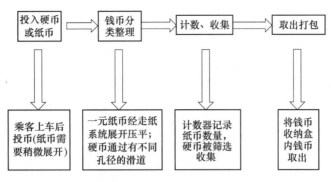

图 5-23　投币箱工作过程

一元纸币计数装置由光电传感器和数字显示屏两部分组成。光电传感器位于走纸系统的碾压轴与导出轴之间，通过红外感应检测记录走纸数量，从而将数额显示在显示屏上。

一元纸币收集装置由带有 12V 直流减速机的偏心橡胶导轮、6V 微型振动电机、抽拉式收纳盒三个主要部分组成。钱币离开走纸系统，首先接触偏心导轮，导轮将其顺利导入收纳盒中，由于导入位置具有不确定性，因此借助振动电机将钱币进行二次整理。钱币存装箱为长方体结构，该结构套有内盒，尺寸略大于一元纸币，可根据不同要求选择不同材料制作，开箱锁位于箱体背面，纸币收集完成后，可开锁打开钱币存装箱取出纸币。

五元十元（略大额）纸币收集装置，仍然采用市面上现有的投币箱的收集装置。采用混合收集、后期整理的方式。因为乘客投入大面额纸币的可能性较小，该类币值的纸币相对较少。

硬币分拣和收集装置采用的是全物理静态结构，主要由硬币入口、两层带有不同直径圆孔的分拣滑道、抽拉式收纳盒三部分组成。硬币入口口径尺寸为 700mm×35mm。滑道宽度为 30mm，分为上下两层，上层滑道圆孔直径为 23mm，用于分拣一元与非一元，下层滑道圆孔直径为 20mm，用于分拣五角与一角硬币。每条滑道都向左前方对角倾斜，便于硬币的滑入与筛分。收纳盒分为一个一元槽、一个五角槽、两个一角槽。收集完成后，可开锁打开钱币存装箱取出硬币。

（3）作品的结构。公交车新型投币箱主要由纸币收集部分、硬币收集部分、计数部分组成。

1）纸币收集部分。纸币收集部分由齿轮组、三轴走纸装置、偏心轮导入装置、振动整理装置、收集装置五部分组成。传动齿轮组如图 5-24 所示。一个电动机主动轮，多级减速带动全部齿轮为滚轴提供动力，合理分配传动比，使滚轴获得相同的线速度。

三轴走纸装置如图 5-25 所示。通过该装置将一元纸币卷入且展开压平，为后续整理收集做准备。

图 5-24　传动齿轮组

偏心轮导入装置如图 5-26 所示。该装置将展开压平的纸币导入收纳箱中，防止卡纸，同时也方便后续整理。

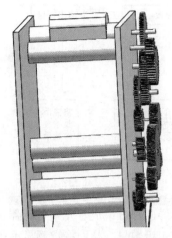
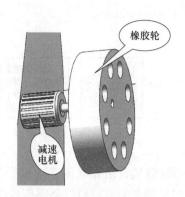

图 5-25　三轴走纸装置　　　　图 5-26　偏心轮导入装置

通过振动整理装置将已进入收纳盒的钱币进一步对齐整理，避免杂乱或者折角等问题。收集装置的收纳盒设计为抽拉式长方体盒子，里边套有内盒，纸币装满后可直接将内盒取出替换。

2）硬币收集部分。硬币收集部分由上下两层倾斜分拣滑道和格子收纳盒等部件组成。倾斜分拣滑道结构如图 5-27 所示。利用两层滑道对硬币进行二次分拣，可将一元、五角、一角硬币区分开来，滑道倾斜度经过多次试验，分拣准确率可达 100%。

格子收纳盒如图 5-28 所示。硬币收纳盒的接口与滑道出口相对应，公交车收车后，工作人员打开箱门取出收纳盒即可取出已分类的硬币。

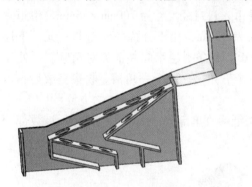
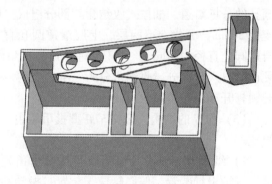

图 5-27　硬币收集装置　　　　　　图 5-28　格子收纳盒

3）计数部分。计数部分主要由红外传感器和数字显示屏两部分组成。红外探头用来检测并记录纸币的走纸量。显示屏用来显示钱币数额。

（4）作品的创新性。

1）该新型公交车投币箱可直接应用到实际公交运营中，有很强的实用性。实现自动分拣各种币种的功能。

2）该作品不仅克服了乘客投破损纸币而无法防范的缺陷，还解决了自动统计钱币总数的问题。将投币与刷卡、分拣、计数合四为一，增加了钱币计数装置、LED 显示屏，同时新增设了五元十元（相对一元略大面额）和硬币的投入口。

3）钱币投入进去后即可进行分类整理入箱，这降低了工作人员后期钱币整理清点的繁杂工作。

（5）作品的应用前景。随着社会经济的快速发展及城市交通的不断改革，无人售票公交车已广泛普及。该投币箱具有钱币自动分类整理功能，乘客上车投币后，在现场就能将钱币收集整理好，可以免去公交公司人员后期对钱币的分类整理等一系列繁杂工作，节约时间、节省人力，方便快捷；其体积与普通投币箱比较接近，集刷卡器、计数器、显示屏于一体，高效、美观。适于大规模推广应用，市场潜力是显而易见的。

5.3.3　植被修复机器人

（1）设计背景。矿产资源的开发利用为国家的建设发展做出了巨大贡献，但由于矿山开采造成了植被破坏，也带来了环境问题。运用植被恢复和植物景观重塑是对矿山废弃地进行修复的重要方法。对矿山废弃地的景观整合不仅要对其植被与植物景观进行生态恢复建设，同时需要通过景观设计方法，提高其生态经济价值，并赋予场地自身的文化艺术价值，促进区域生态系统的稳定发展。基于此，植被修复机器人应运而生。

（2）作品的功能原理。该作品集智能技术、数字技术为一体，可对矿山开采造成的生态环境进行修复。针对矿山地区土层薄、无法直接进行绿化的问题，提出在地面覆盖一定厚度土壤的办法。这就需要制造一个大型载土货仓，在货仓装入土壤之后，再混合草种，在货仓内利用搅拌机将草种和土壤充分混合，再通过撒土系统将土壤和草种的混合体均匀撒下。由于缺乏固土环境，撒下的土壤难以长期保留，需要一个土壤保持系统。这样在车辆后方设计一个铺网系统，利用比较稠密的网状结构将土层固定在原来位置，避免被雨水、大风破坏。待植被长出来之后，通过植被根系的根植作用扎根到岩石当中。经过漫长、反复的根植作用，以及表层的密集植被拦截被风所带来的沙土，将增加土壤厚度。

（3）作品的结构。植被修复机器人整体结构如图 5-29 所示。主要包括土壤与草种的搅拌系统、均匀撒土系统、底盘及铺网系统四大部分。下面对其结构分别进行展示。

图 5-29　植被修复机器人整体结构图

1）土壤草种搅拌系统。搅拌系统结构如图 5-30 所示。通过该结构不仅可以疏松土壤，还可将泥土和草种混合，便于稳定撒土。

图 5-30　搅拌系统结构

2）均匀撒土系统。撒土系统结构如图 5-31 所示。运用隔板夹持，通过电机旋转来控制夹板的开口大小从而控制撒土量及速度。

图 5-31　撒土系统结构

3）底盘。底盘结构如图 5-32 所示。由于该机器人要行驶在凹凸不平且坡度很大的山地上，底盘中使用了两台电动机确保整机的动力，多种结构件的组合使用使得底盘非常牢固稳定。另外，防滑轮胎使该机器人不会在斜坡路面出现打滑现象。

图 5-32　机器人底盘结构

4）铺网系统。铺网系统的结构如图 5-33 所示。利用滚轮将可降解网铺在土壤上面，并在两侧加装了气钉枪，用来把网固定在地面上，防止其移动，以利于水土保持。

图 5-33　铺网系统结构

（4）作品的创新性。创意新颖，实现机械化作业代替人工，植被修复手段简单有效。通过电机控制撒土时的喷射形状，可有效控制布土的厚度及均匀性。

（5）作品的应用前景。针对矿山开采造成的生态环境修复，设计了这款植被修复机器人。经过植被修复的矿山，可有效治理水土流失、土壤污染、山体滑坡、植被退化等问题，从而提升生态的自愈能力。我国有大量的矿山及植被待修复区域，因此作品具有很高的推广应用价值。

思 考 题

5-1 设计制作一机器人，使其从起点开始直行，检测到前方障碍，沿原路线返回终点。场地如图 5-34 所示。

5-2 设计制作竞走机器人并进行比赛。要求让机器人从起点线开始，走直线到达终点线，分别记录各个参赛的机器人的成绩。比赛场地如图 5-35 所示。

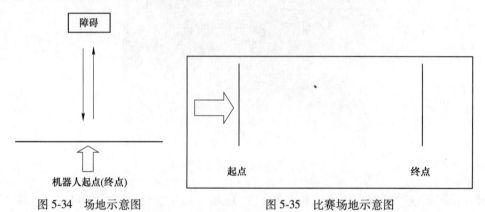

图 5-34　场地示意图　　　　　　　图 5-35　比赛场地示意图

5-3 设计制作避障机器人并进行比赛。要求机器人从起点出发绕过两个障碍物，并以最快的速度到达终点。在机器人完成避障的过程中不能碰到障碍物。比赛场地如图 5-36 所示。

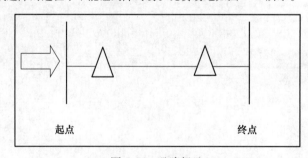

图 5-36　避障场地

5-4 家用智能机器人的创意设计。设计并制作能让未来生活更美好的智能型服务机器人，可以是家务劳动型机器人，还可以是娱乐、情感交流、陪伴、个人卫生、家庭管家、安全与防护等家用服务机器人。

5-5 结合日常生活或专业，自拟设计题目，提出创意方案，进行创意作品的设计与制作。要求创意方案中至少要扩展三种以上传感器，该创意作品从设计方案创新性、作品美观性、结构搭接流畅性、作品完成情况等几方面进行评价。

6 创新作品的延伸

样机模型是机械创新成果的一种表达方式，除此之外还有很多其他展示方法。例如为防止机械创新设计的成果被研究仿制，可以对相关成果进行专利申请，这是对知识产权进行保护的重要途径。还可以为创新成果编制合理的技术文件，利用该成果参加相关科技竞赛，将创新成果进行展示，便于推广进入企业。还可以利用相关产品进行创业，建立以相关创新产品为主业的公司。所以一件成功的创新作品，其后期的工作内容还有很多。本章主要介绍创新作品相关的专利申请、科技竞赛、创新与创业等。

6.1 专 利 保 护

6.1.1 专利基本知识

机械创新设计属于一种知识产权。知识产权是指对智力劳动成果所享有的占有、使用、处分和收益的权利。知识产权是一种无形财产权，它与房屋、汽车等有形财产一样，都受到国家法律的保护，都具有价值和使用价值。有些重大专利、驰名商标或作品的价值要远远高于房屋、汽车等有形财产的价值。

专利是专利权的简称，它是国家按专利法授予申请人在一定时期内对其发明创造成果所享有的独占、使用和处分的权利；它是一种财产权，是运用法律保护手段"跑马圈地"，独占现有市场，抢占潜在市场的有力武器。需要注意的是，专利权不是在完成发明创造时自然产生的，而是需要申请人按照法律规定的手续进行申请，并经国务院专利行政部门审批后才能获得的。申请专利既可以保护自己的发明成果，防止科研成果流失，同时也有利于科技进步和经济发展。人们可以通过申请专利的方式占据新技术及其产品的市场空间，获得相应的经济利益（如通过生产销售专利产品、转让专利技术、专利入股等方式获利）。

我国专利分为发明、实用新型和外观设计三种类型。

发明是指对产品、方法或者其改进所提出的新的技术方案，主要体现新颖性、创造性和实用性。取得权利的发明包括两大类：产品发明（如机器、仪器设备、用具）和方法发明（制造方法）两大类。

发明专利所谓的产品是指工业上能够制造的各种新制品。包括有一定形状和结构的固体、液体、气体之类的物品。所谓方法是指对原料进行加工，制成各种产品的方法。发明专利并不要求它是经过实践证明可以直接应用于工业生产的技术成果，它可以是一项解决技术问题的方案或是一种构思，具有在工业上应用的可能性，但这也不能将这种技术方案或构思与单纯地提出课题、设想相混同，因单纯的课题、设想不具备工业上应用的可能性。

实用新型是指对产品的形状、构造或者其结合所提出的适于实用的新的技术方案。同发明一样，实用新型专利保护的也是一个技术方案。但实用新型专利保护的范围较窄，它只保护有一定形状或结构的新产品，不保护方法以及没有固定形状的物质。实用新型的技术方案更注重实用性，其技术水平较发明而言，要低一些，多数国家实用新型专利保护的都是比较简单的、改进性的技术发明，可以称为"小发明"。授予实用新型专利不需经过实质审查，手续比较简便，费用较低，因此，关于日用品、机械、电器等方面的有形产品的小发明，比较适用于申请实用新型专利。

外观设计是指对产品的形状、图案或其结合以及色彩与形状、图案的结合所做出的富有美感并适于工业应用的新设计。

外观设计与发明、实用新型有着明显的区别，外观设计注重的是设计人对一项产品的外观所做出的富于艺术性、具有美感的创造，但这种具有艺术性的创造，不是单纯的工艺品，它必须具有能够为产业上所应用的实用性。外观设计专利实质上是保护美术思想的，而发明专利和实用新型专利保护的是技术思想；虽然外观设计和实用新型与产品的形状有关，但两者的目的却不相同，前者的目的在于使产品形状产生美感，而后者的目的在于使具有形态的产品能够解决某一技术问题。例如一把雨伞，若它的形状、图案、色彩相当美观，那么应申请外观设计专利，如果雨伞的伞柄、伞骨、伞头结构设计精简合理，可以节省材料又有耐用的功能，那么应申请实用新型专利。

外观设计是指对产品的形状、图案或者其结合以及色彩与形状、图案的结合所做出的富有美感并适于工业应用的新设计。外观设计专利的保护对象，是产品的装饰性或艺术性外表设计，这种设计可以是平面图案，也可以是立体造型，更常见的是这二者的结合，授予外观设计专利的主要条件是新颖性。

授予专利权的发明和实用新型，应当具备新颖性、创造性和实用性。即只有符合"三性"要求的发明和实用新型才有可能获得专利权。

新颖性，是指在申请日以前没有同样的发明或者实用新型在国内外出版物上公开发表过、在国内公开使用过或者以其他方式为公众所知，也没有同样的发明或者实用新型由他人向国务院专利行政部门提出过申请并且记载在申请日以后公布的专利申请文件中。

创造性，是指同申请日以前已有的技术相比，该发明有突出的实质性特点和显著的进步，该实用新型有实质性特点和进步。

实用性，是指该发明或者实用新型能够制造或者使用，并且能够产生积极效果。要求申请专利的发明或者实用新型具有实用性，并不是要求这种发明或者实用新型在申请时已经实际予以制造或者使用，由此来证明产生了积极效果。只是根据申请人在说明书中所做的清楚、完整的说明，所属领域的技术人员根据其技术知识或者经过惯常的试验和设计后，就能够得出申请专利的发明或者实用新型能够予以制造或者使用，并能够产生积极效果的结论。

6.1.2　专利申请方法

专利申请人可以是该发明创造的发明人、设计人（非职务发明创造）或其所属单位（职务发明创造），也可以是该发明创造的合法受让人或继承人，或者与中国签订协议或与中国共同参加国际条约或按对等原则办理的国家的外国人、外国企业或外国其他组织。

6.1.2.1　申请人自己申请

申请人可以直接到国家知识产权局申请专利或通过挂号邮寄申请文件方式申请专利（专利申请文件有：请求书、权利要求书、说明书、说明书附图、说明书摘要、摘要附图）。现在更方便的方式是采用网上电子申请的方法。一般步骤如下：

（1）访问电子申请网站（http：//cponline.cnipa.gov.cn/），如图6-1所示，自助注册成为电子申请用户，获得用户代码；

（2）使用用户代码和密码登录电子申请网站，下载并安装用户数字证书；

（3）下载电子申请客户端，安装并升级，使用客户端编辑并提交专利申请；或登录电子申请在线业务办理平台，在线提交专利申请。

（4）接收电子回执；

（5）接收通知书，针对所提交的电子申请提交中间文件。

图6-1　中国专利电子申请网

具体可以参考网站的电子申请简介。

6.1.2.2　委托专利代理人代办专利申请

申请文件的填写和撰写有特定的要求，申请人可以自行填写或撰写，也可以委托专利代理机构代为办理。尽管委托专利代理是非强制性的，但是考虑到精心撰写申请文件的重要性以及审批程序的法律严谨性，对经验不多的申请人来说，委托专利代理是值得提倡的。采用这种方式，专利申请质量较高，可以避免因申请文件撰写质量问题而延误审查和授权。根据申请专利类型的不同需要递交专利代理的材料不尽相同，但大体主要包括：

A　基本信息

（1）发明人或设计人姓名、地址、国籍。

（2）申请人姓名或名称、地址、国籍。

（3）发明专利是否要求提前公开，是否要求在提交申请的同时请求实质审查。

B　委托书

委托代理人申请需提交委托书，必须是由申请人签字或盖章的原件。因时间关系申请递交时不能够同时附委托书的，可以自申请日起两个月内补交。

C　技术交底书

内容包括专利名称、该申请的技术领域、背景技术、该申请的目的及实现目的的技术方案、实施效果，可提供附图对发明进行说明。

（1）专利名称应能够简明、准确地表明专利请求保护的主题。

（2）技术领域是指本专利技术方案所属或直接应用的技术领域。

（3）背景技术是指对该技术的理解、检索、审查有用的技术。可以引证反映这些背景技术的文件，背景技术是对最接近的现有技术的说明，它是改进技术方案的基础。此外，还要客观地指出背景技术中存在的问题和缺点，引证文献、资料的，应写明其出处。

（4）发明内容包括所要解决的技术问题、解决其技术问题所采用的技术方案及其有益效果。

1）要解决的技术问题：指要解决的现有技术中存在的技术问题，应当针对现有技术存在的缺陷或不足，用简明、准确的语言写明所要解决的技术问题，也可以进一步说明其技术效果，但是不得采用广告式宣传用语。

2）技术方案：是申请人对其要解决的技术问题所采取的技术措施的集合。技术措施通常是由技术特征来体现的。技术方案应当清楚、完整地说明实用新型的形状、构造特征，说明技术方案是如何解决技术问题的，必要时应说明技术方案所依据的科学原理。撰写技术方案时应注意以下几点：

① 机械产品应描述必要零部件及整体结构关系，并描述其工作原理和工作过程。

② 涉及电路的产品，请提供方框图和电路原理图，并详细描述其连接关系和工作原理。

③ 机电结合的产品还应写明电路与机械部分的结合关系。

3）有益效果：是指和现有技术相比所具有的优点及积极效果，它是由技术特征直接带来的，或者是由技术特征产生的必然的技术效果。

4）附图说明：应写明各附图的图名和图号，对各幅附图作简略说明，必要时可将附图中标号所示零部件名称列出。

5）具体实施方式：具体实施方式是本技术方案基础上优选的具体实施例。实施方式应与技术方案相一致，并且应当对权利要求的技术特征给予详细说明，以支持权利要求。使所属技术领域的技术人员能够理解和实现，如果有多个实施例，每个实施例都必须与本专利所要解决的技术问题及其有益效果相一致。

6.1.3　专利申请案例

我们可以根据学习、实验、竞赛中的创意想法，进行专利申请。通过专利代理人申请时的一项重要工作是制作技术交底书，把发明创意想法通过文字形式表达给专利代理人。

如下是作者指导大学生创新训练中的一个创意进行专利申请的案例。

1. 发明的名称

一种半自动脚趾甲修剪装置。

2. 所属技术领域

本发明涉及日常用品领域，具体属于一种修剪脚趾甲的装置。

3. 背景技术

现有的趾甲刀比较灵巧，但是在剪脚趾甲时，需要人们下压、弯腰，对于身体较胖的人群或者年龄较大的人群，存在很多不便。主要原因就是趾甲刀的手柄比较短，需要人手靠脚趾甲比较近才能实现修剪。

CN 106333469 B 提出一种脚控的趾甲钳，可以解决人们弯腰困难的问题，但是结果相对复杂，另外，脚控还是不够灵活。

4. 发明目的

因此，为了解决修剪脚趾甲时人们弯腰困难的问题，本发明提出一种改进的组合装置。

5. 技术方案

装置由底板、支架、下压装置、动力系统、控制系统等部分组成。底板放置在地面上保持整个装置的稳定性。手握气囊这时气囊压力升高，气囊里的压力传感器将压力信号传给控制系统，控制系统计算电机旋转的角度，然后控制电机带动凸轮旋转。凸轮将压杆下压，压杆在导向孔内下移压动上刀片，持续压紧气囊，直到修剪指甲完毕。使用人感觉到修剪完毕后，放松手中气囊，气囊里的压力减小，压力传感器将信号传递给控制系统，控制系统控制电机反向旋转，凸轮反向旋转，压杆在弹簧的作用下升起。

凸轮轮廓采用等速凸轮，旋转的角度正比于手握气囊的压力。为了方便放置需要修剪趾甲的脚，设置一个圆形脚踏板，脚踏板上面覆盖防滑保暖的海绵垫。脚踏板通过螺杆螺纹与踏板支架连接，通过旋转螺杆可以调整脚踏板的高度便于脚趾甲与剪刀对齐，脚踏板支架焊装在底板上。

趾甲刀上刀片采用传统的形式，下部带 T 型突起，可以嵌入到上刀片支架的圆弧状的 T 型槽中，T 型槽的圆心在支架外侧 1cm 处（接近趾甲另外一端）。将上刀片尾部改造成带齿槽的形状，尾部与齿轮啮合，齿轮由电机带动以调整上刀片方向便于修剪脚趾甲的不同部位。电机由控制系统控制，信号来自于按键开关，按开关一次电机带动齿轮旋转一个齿的角度，带动刀片顺时针旋转一次，可以反复调整。上刀片的支架即为下刀片，下刀片采用平面的形式，刃口部分设计为圆弧形，并且与 T 型槽为同心圆。

使用时使用人可以坐在适宜高度的凳子上，一只脚放在脚踏板上，通过旋转脚踏板调整高度使脚与剪刀能够配合，然后调整脚的前后及左右使趾甲嵌于剪刀内，当使用人感觉到剪刀刚好可以修剪趾甲时，可以缓慢下压手柄完成趾甲修剪。

6. 有益效果

辅助装置结构简单，物美价廉，可以帮助使用人坐立时修剪脚趾甲，避免下腰等困难。采用手握气囊的控制方法，安全可靠。

7. 附图说明（如图 6-2 所示）

8. 最佳实施方式

铁质底板 1 作为整个机构的底座，起到稳定整个机构的作用。电机 6 固定在支撑板 5 上，支撑板 5 焊接固定在底板 1 上。

手握气囊 3 里面嵌入压力传感器，将压力信号传给控制系统，控制系统根据压力大小控制电机 6 旋转的角度。

凸轮 7 由电机 6 带动旋转，下压压杆 11，压杆 11 在导向槽 9 内下移下压上刀片 12，进行趾甲修剪。修剪完毕，松开气囊 3，控制系统控制电机 6 反转，弹簧 8 将压杆 11 弹起。

上刀片 12 通过 T 型突起嵌入到上刀片支架 22 T 型槽内，上刀片支架前段加工成圆弧形且与 T 型槽同心，做为下刃口与上刀片 12 配合进行趾甲修剪。

需要调整修剪角度时，按压方向控制器 2 按开关一次电机 15 带动齿轮 13 旋转一个齿的角度，带动上刀片 12 顺时针旋转一次，按开

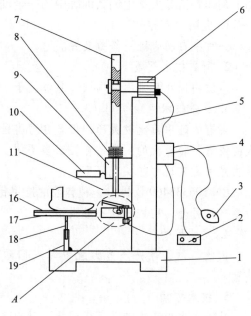

图 6-2 　专利申请附图

关一次电机 15 带动齿轮 13 旋转一个齿的角度，带动上刀片 12 逆时针旋转一次，可以反复调整。

覆盖防滑保暖海绵垫 16 的圆形脚踏板 17 固定有螺杆 18，螺杆 18 可以与踏板支架 19 的内螺纹配合，通过旋转圆形脚踏板 17 可以调节其离底板 1 的高度便于其与剪刀高度的配合。踏板支架 19 固定在底板 1 上。

可调整方向的放大镜 10 铰接于导向槽 9 上，便于看清脚趾部位。

写作完技术交底书后就可以发给专利代理公司了，后续工作皆可由代理公司完成，例如通过代理公司获知申请的进度等。

6.2　科技竞赛

参加科技创新竞赛是大学生创新意识、创新实践能力培养的重要途径之一，近年来得到教育主管部门及各高等院校的高度重视。

将机械创新设计教学与科技竞赛相结合，不仅可以较好地引导学生参与竞赛，还可以较好地把握创新设计教学的内容与深度。充分借鉴科技创新竞赛的内涵要求、成果形式、评价标准等，对机械创新设计的教学进行补充完善。适合机械类创新设计成果参加的科技竞赛有如下几种。

6.2.1　全国大学生机械创新设计大赛

全国大学生机械创新设计大赛（http：//umic. ckcest. cn/）经教育部高等教育司批准成立大赛组织委员会，是由教育部高等教育司发文举办的全国理工科重要课外竞赛活动之一。大赛主要目的在于引导高等学校在教学中注重培养大学生的创新设计能力、综合设计

能力与团队协作精神；加强学生动手能力的培养和工程实践的训练，提高学生针对实际需求进行创新思维、机械设计和制作等实际工作能力；吸引、鼓励广大学生踊跃参加课外科技活动。

大赛采用分级选拔的方式进行，分三个阶段：校级选拔赛、省级预赛、全国决赛。每个阶段中成绩较好的进入下一阶段，直到全国决赛。全国决赛中设计奖分一等奖、二等奖两个等级，大赛主办方根据实际情况确定每个等级的奖项数量。

大赛一般采用命题式，每届一个主题，在每届决赛完成后宣布下届主题。第九届全国大学生机械创新设计大赛（2020年）的主题为"智慧家居、幸福家庭"。内容为"设计与制作用于：1）帮助老年人独自活动起居的机械装置（简称助老机械）；2）现代智能家居的机械装置（简称智能家居机械）"。参赛作品的评审采用综合评价，评价观测点有以下几个方面：

（1）选题评价：

1）新颖性；2）实用性；3）意义或前景。

（2）设计评价：

1）创新性；2）结构合理性；3）工艺性；4）先进理论和智能技术的应用；5）设计图纸质量。

（3）制作评价：

1）功能实现；2）制作水平与完整性；3）作品性价比。

（4）现场评价：

1）介绍及演示；2）答辩与质疑。

根据作者多年参加相关大赛的经验来看，能获得一等奖奖项的作品，一般都具有很好的创意，并且制作出了漂亮的实物或者样机模型。如第九届大赛获得全国一等奖的作品《点集颤动式助老洗浴设备》，其实物如图6-3所示。

根据竞赛主题，团队针对浴室地面湿滑，老年人洗澡容易摔倒的安全隐患，设计了点集颤动式助老洗浴设备。该设备主要由辅助坐立装置、点集颤动搓洗装置和水温自调节装置组成。辅助坐立装置可以实现一键进出淋浴空间，同时座椅能够抬起一定角度，辅助老年人站立。水温自调节装置由舵机控制温控调节阀来实现自动调节水温，减轻了老年人在洗浴时因水温过高或过低造成的不适。点集颤动搓洗装置由密集分布的按摩搓洗球组成，在进行搓洗时会自动贴合老年人背部，颤动点阵

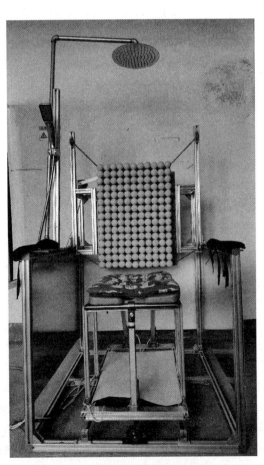

图6-3 点集颤动式助老洗浴设备

在电机带动的偏心轴作用下颤动，实现对老人背部的按摩搓洗。作品主要创新性包括：

（1）通过弹簧限位装置固定的颤动点阵能够贴合人体曲线，提高搓洗的效果和舒适度，突破传统洗浴设备的局限。

（2）温度自调节装置保证洗浴水温合适，减轻老人在洗浴时因为水温不适造成的刺激，代替了传统的机械式温控。

（3）通过直线推杆速度配合，座椅轨迹符合人体站立曲线，辅助老人站立，减轻腿部负担。

根据竞赛主题进行市场需求分析和产品的功能确定。需求是机械产品开发的源头与依据，需求驱动功能，功能满足需求。衡量机械产品是否具有竞争力的标准就是产品能否满足市场和顾客的需求。进行需求分析和确定机械产品功能是创新设计的重要步骤和基础。工作机理是机械产品创新设计的依据和出发点，是对机械功能的具体描述。确定工作机理、构思工艺动作是机械产品创新设计的后期工作。它决定了方案设计的有效性和创新性。

该作品针对老年人洗浴过程中存在的安全隐患进行功能设计，其中采用了 TRIZ 理论中的 3 个原理，分别是：分离原理，将装置分割为辅助坐立、颤动搓洗、水温调节三个功能模块；动态化原理，该装置中通过将搓洗装置进行柔性处理，提高装置对人体的适应性；机械振动原理，采用电机带动偏心轴颤动实现搓洗功能。因此作品具有很好的创新性。目前市场上助老洗浴设备功能单一，作品进一步开发投入使用后可以弥补市场空缺。并且老年人口数量众多，因此产品拥有广泛的应用前景和较大的市场潜力。

6.2.2　挑战杯

挑战杯是"挑战杯"全国大学生系列科技学术竞赛的简称，由共青团中央、中国科协、教育部和全国学联共同主办，竞赛官方网站为 www.tiaozhanbei.net。

"挑战杯"全国大学生课外学术科技作品竞赛始终坚持"崇尚科学、追求真知、勤奋学习、锐意创新、迎接挑战"的宗旨，在促进青年创新人才成长、深化高校素质教育、推动经济社会发展等方面发挥了积极作用，被誉为当代大学生科技创新的"奥林匹克"盛会。参加"挑战杯"大学生课外学术科技作品竞赛的作品一般分为三大类：自然科学类学术论文、社会科学类社会调查报告和学术论文、科技发明制作。各类作品先经过省级选拔或发起院校直接报送至组委会，再由全国评审委员会对其进行预审，并最终评选出 80% 左右的参赛作品进入终审。作品的评审主要依据其科学性、先进性、现实意义等方面因素，注重学术性及科技发明创作带来的实际意义等。不同类型的侧重点有所差别，其中自然科学类学术论文侧重考核基础学科学术探索的前沿性和学术性，哲学社会科学类社会调查报告和学术论文侧重考核与经济社会发展热点难点问题的结合程度和前瞻意义，科技发明制作侧重考核作品的应用价值和转化前景。奖项设有特等奖、一等奖、二等奖、三等奖，分别约占该类作品总数的 3%、8%、24% 和 65%。

多年大赛的成功举办对高校教育起到了积极的回馈效应。引导高校学生进行成果展示、技术转让、科技创业，推动了高校科技成果向现实生产力的转化，为经济社会发展做出了积极贡献。广大高校以"挑战杯"竞赛为龙头，不断丰富活动内容，拓展工作载体，把创新教育纳入教育规划，使"挑战杯"竞赛成为大学生参与科技创新活动的重要平台。

"挑战杯"竞赛在中国共有两个并列项目，一个是以上介绍的"挑战杯"全国大学生课外学术科技作品竞赛；另一个则是"挑战杯"中国大学生创业计划竞赛。这两个项目的全国竞赛交叉轮流开展，每个项目每两年各举办一届。

"挑战杯"中国大学生创业计划竞赛借鉴风险投资模式，要求参赛者组成优势互补的竞赛小组，提出一项具有市场前景的技术、产品或者服务，并围绕这一技术、产品或服务，完成一份完整、具体、深入的创业计划。竞赛采取学校、省（自治区、直辖市）和全国三级赛制，分预赛、复赛、决赛三个赛段进行。相对于科技作品竞赛，创业计划竞赛在评审时更注重市场与技术服务的结合，商业性更强一些。竞赛决赛设金奖、银奖、铜奖，各等次奖分别约占进入决赛作品总数的10%、20%和70%。创业计划竞赛在培养复合型、创新型人才，促进高校产学研结合，推动国内风险投资体系建立方面发挥出越来越积极的作用。

6.2.3 "互联网+"大学生创新创业大赛

中国"互联网+"大学生创新创业大赛，由教育部与政府、各高校共同主办。大赛旨在深化高等教育综合改革，激发大学生的创造力，培养造就"大众创业、万众创新"的主力军；推动赛事成果转化，促进"互联网+"新业态形成，服务经济提质增效升级；以创新引领创业、创业带动就业，推动高校毕业生更高质量创业就业。中共中央政治局常委、国务院总理李克强对大赛作出重要批示。批示指出：大学生是实施创新驱动发展战略和推进大众创业、万众创新的生力军，既要认真扎实学习、掌握更多知识，也要投身创新创业、提高实践能力。自2015年举办第一届以来，"互联网+"大学生创新创业大赛每年举办一届，至2021年已经举办了七届，第八届正在进行中。每年的主题、目的略有不同，但主要围绕创新创业进行。变化比较大的是组别跟赛道，比如第一届只有创意组和实践组两个组别，第二届变为创意组、初创组、成长组三个组别，第三届增加了面向高职的赛道及国际赛道，第四届新增"青年红色筑梦之旅"赛道等。评审规则每年也会有所变化，如表6-1所示的高教主赛道创意组的评审规则在近几年也发生较大变化，比较明显的是引领教育方面的分值比重越来越高。当然第八届的评审要点相应的更改为：创新维度、团队维度、商业维度、社会维度、教育维度。随着组别、赛道的增加使竞赛规则更加细化，更有利于不同类型项目竞争的公平性。

表6-1 高教主赛道创意组评审分值

评审要点	第六届	第七届	第八届
创新性	30	30	20
团队情况	25	25	20
商业性	20	20	20
带动就业	15	10	10
引领教育	10	15	30

获奖项目不但要具有很强的创新性，还要具有很好的商业模式，并且项目具有落地创业的可行性。如图6-4展示的是第七届"互联网+"大学生创新创业大赛的全国铜奖作品。作品的创作背景是，长期以来市场以手动钻机为主，但从事体力劳动的工人越来越

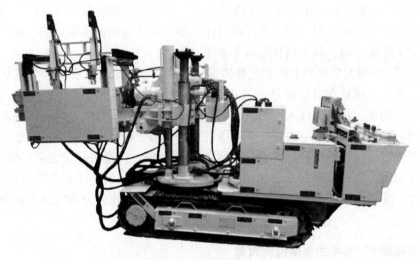

图 6-4　自动化深孔钻机

少，钻机自动化势在必行，行业即将迎来巨大的产业变革。然而，钻机自动化、智能化难度大，行业技术发展严重滞后。面对这一机遇，项目组果断进行了自动化深孔钻机的研发。作品具有如下创新性：

（1）基于钻机自动化创新模块的研发，实现了钻机装卸钻杆的全流程自动化，全新开发了一套钻机自动化控制程序，对于不同尺寸的钻机，只需要通过人机交互界面对参数进行简单修改就能通用，大大降低了配套程序的开发成本，实现了控制系统屏控、遥控、云控等多种控制模式的融合及模块化工程应用。

（2）搭建了一套智能钻机远程控制平台，依托 5G 技术远程控制钻机工作，通过对振动信号的分析，可辨识所钻岩层的相关信息，并能监测钻机自身运行状态及进行故障自诊断等，依托虚拟现实技术提升了平台操作的易学性，并预留了自动驾驶路径规划功能。

社会需求是创造发明的源泉，紧紧抓住社会需求，将使创新设计更具生命力。该作品通过调研钻机现状，采用功能系统设计思想，实现钻机的自动化、智能控制模块创新设计开发。不断发展的科学理论和新技术，促使产品不断完善和具有更先进的性能。

6.3　创新与创业

创新的活动古已有之，然而创新作为一个名词被人们接受是近几十年的事情。把创新与其他词汇放到一起时，人们常常会谈到技术创新、科技创新、制度创新、社会创新、创新治理、创新创业等。创新在不同语境中可以有些许内涵上的差异，将创新与创业相提并论，并将创新冠之在前成为一个新的概念，也绝非偶然。

创新的主体不同、创新旨在解决的问题不同、创新所依赖的路径不同，共同促成了创新的多元化。创业同样是一个复杂的概念，创业主体广泛（企业、政府、非营利组织、个人等），创业目的之不同（创造利润、创造社会价值、实现个体价值等），创业领域之不同（高科技创业、互联网创业、传统工商业创业等），创业的内涵也同样有差别。

6.3.1 创业的内涵

从总体上看，创业是指创业主体突破现有资源限制，寻找新机会，创造新价值的社会活动。20 世纪 80 年代以来，国内外学者主要从三个视角出发研究创业，即创业者的人格特质、创业者所从事的活动和创业过程。

（1）视角一：创业者的人格特质。创业者人格特质的视角侧重对创业者所具有的共同特质进行研究和描述。创业者所具有的一些共同特质，如主动性、善于沟通、灵活性、创新性、问题解决意识、成就需求、适度冒险、自我掌握命运的信念、领导力和勤奋等，这些人格特质对创业、对个人从事其他活动都很重要。创业者以追求利润和成长为目标，创办和管理企业，其最重要的特征是创新性，并在经营企业的过程中善于利用管理策略。

（2）视角二：创业者所从事的活动。由于创业者人格特质研究的局限性，创业研究转向创业者做什么，即研究创业者所从事的活动。有学者认为创业者所从事的活动主要包括以下方面：1）为市场引入新的产品或服务；2）降低成本，提高效能，开发和利用新技术；3）利用新产品、新服务和新技术开辟新的市场；4）通过创新管理重新组织现存企业；5）提供市场缺少的资源。创业受创业者所处的文化和制度环境的影响，这些影响因素既可能成为支持因素，又可能成为创业壁垒。因此，学者们倾向于在动态的环境中来分析创业过程。

（3）视角三：创业过程。创业过程这一视角认为，应该在非均衡的、动态的环境中来探讨创业者如何发现和识别机会。欧盟委员会 2003 年发布的《欧洲创业绿皮书》将创业定义为"在新的或现存组织内利用有效的管理将风险、创造和创新相融合，建立和开发经济活动的思维过程"。此外，创业过程中关系网络的建立是十分重要的，创业的成功依赖于关系网络，学习如何建立个人的关系网络并了解关系网络在支持创业方面的作用是创业学习的重要部分。

因此，创业至少包括三层含义：首先，创业是识别机会、整合资源、将创意付诸行动的一种精神和能力。机会往往隐藏在混乱无序的环境中，难以辨识并且因各种迟疑也会稍纵即逝。其次，创业过程伴随着价值创造。创业不是坐而论道，不是夸夸其谈，而是脚踏实地、从无到有的开拓过程。仅仅发现了机会，产生了创意，如果没有付诸行动，就不是创业。再次，创业是一种体现在日常生活中的行为方式。

在创业过程中，创业者在强烈的创业热情和动机的驱动下，在混乱无序、充满不确定性的社会环境中寻求和把握机会，整合资源并创造价值。

6.3.2 创业的类型

可以按多种方式进行分类，常有的方法有如下四种：

（1）按创业动机分类。全球创业观察项目依据创业者的创业动机，将创业分为生存型创业和机会型创业。生存型创业是指处于没有其他更好选择情况下的创业行为，即不得不参与创业活动来解决其所面临的困难。不少下岗职工的创业行为便属于这种类型。机会型创业是指创业行为的动机出于个人抓住现有机会、实现自身价值的强烈愿望，这类创业需要更好的机会。

（2）基于创业效果的分类。关于创业的类型，还有一种较有代表性的观点。克里斯汀（B. Christian）等人依照创业对市场和个人的影响程度，把创业分为四种基本类型，即复制型创业、模仿型创业、安定型创业和冒险型创业。

1）复制型创业。这种创业模式是在现有经营模式基础上的简单复制，创新的成分较低。例如某人原先担任某在线教育公司的业务主管，后来他自行离职，创建了一家与原公司相似的新在线教育公司，且新组建公司的模式也基本与离职前的那家公司一样。这类创业的创新贡献较少，也缺乏创业精神的内涵。

2）模仿型创业。模仿型创业虽然也很少给市场带来新创造的价值，创新的成分并不算太高，但创业过程也有很大的冒险性，对创业者本身命运的改变还是较大的。如某餐饮公司的经理辞职后，模仿别人新组建一家机械加工公司。相对来说，这种创业具有较大的不确定性，因为对新行业了解不够深入，学习过程较长，经营失败的可能性也比较大。不过，如果是那些具备创新精神的创业者，只要能够得到专门化的系统培训，注意把握市场进入契机，创业成功的可能性也比较大。

3）安定型创业。这种形式的创业，对创业者个人来说改变并不大，所从事的仍旧是原先熟悉的工作，但也为市场创造了新的价值。例如，企业内部的研发小组在开发完成一项新产品后，继续在该公司开发另一种新产品。安定型创业所强调的是个人创业精神的最大程度实现，而并不对原有组织结构进行重构。

4）冒险型创业。这种类型的创业会给创业者本人带来极大改变，个人前途也具有很大的不确定性，产品创新活动也将面临很高的风险。这种创业类型难度很高，有较高的失败率，但成功也会得到惊人的回报。这种类型的创业如果想要获得成功，必须在创业者能力、创业时机、创业精神发挥、创业策略拟定、经营模式设计、创业过程管理等各方面都有很好的搭配。

（3）基于创新层次的分类。企业是由产品、营销模式和组织管理体系3个不同的层次所组成的经济实体，而其中任何一个层次的创新活动如果涉及管理体系的建设，就构成创建企业意义上的创业活动。这样创业类型可分为：

1）基于产品创新的创业。通过产品创新产生新的消费者群体，将会导致市场营销模式的改变，继而涉及企业管理体系改建，实现创建企业意义上的创业。开发完机械创新产品后，比较适合采用这种模式进行创业。

2）基于市场营销模式创新的创业。产品仍然是原来的产品，只是创新市场营销模式，采取与现有营销模式不同的销售模式，给消费者带来新的和高效的满足。例如现在的直播带货与原来普通的电商模式就有很大不同。

3）基于企业组织管理创新的创业。企业的产品及营销模式都没有重大创新，但由于采取了有别于其他企业现有的组织管理模式体系，能够更高效地实现产品的商业化或服务的产业化。

（4）基于创业主体的分类。根据创业活动的主体差异，创业活动可以分为个体创业和公司创业。具体包括：

1）个人独立创业。个人独立创业指创业者个人或几个人所组成的创业团队，白手起家完全独立地创建企业的活动。

2）公司附属创业。公司附属创业是指由一家已经相对成熟的公司创建一家新的附属企业。这样做可以促进新产品的商业化，保持公司的总体创新活力，也更容易吸引社会投资。

3）公司内部创业。公司内部创业是由一个企业内的，具有创业愿望和理想的员工发起，在组织支持下由员工与企业共担风险、共享创业成果的创业形式。内部创业能够通过满足优秀员工的成就感而留住人才，使企业运作趋于安定，更可以凭制度的授权来减轻公司主要负责人的工作负担，是一种可以让老板和员工双赢的管理制度。

6.3.3 创新与创业的关系

创新和创业两者的内容在本质上是相通的，创新是创业的先导和基础，创业是创新的载体和表现形式，创业的成败取决于创新的程度。具体包括：

（1）创新是创业的基础，是创业的源泉，是创业的本质。创新能力是创业资本中最重要的要素，创业者在创业过程中需要具有持续旺盛的创新精神、创新意识，唯有这样才能不断创造出新的思路、新的方法、新的模式，最终获得创业成功。创业是创新的载体和表现形式，创业的成败主要取决于创新根基的扎实程度；创新是对人的发展总体的把握，创业着重的是对人的价值具体的体现；二者相互促进又相互制约，是密不可分的辩证统一体。创新为创业成功提供了可能性和必要的准备，如果脱离创业实践，缺乏一定的创业能力，创新精神也就成了无源之水，无本之木。围绕创业实践，通过多种途径，创业与创新要有机融合。

（2）创新的价值表现于创业。创业活动不断打破旧的秩序，创造新的机会。因此，变革和创新贯穿于企业的创业过程中。创新与创业活动无法分开，没有创新的创业不可能持久，而没有创业的创新也不可能为社会创造价值和财富。创新的价值是在某种程度上将潜在的知识、技术和市场机会转化为现实生产力，实现社会财富增长，造福于社会。而实现这一转化的途径就是创业。

（3）创业推动创新的涌现。众所周知，创业过程充满了各种挑战，有些挑战甚至是创业者未曾遇到过的。对于有事业心的创业者来说，压力是最好的动力。在压力之下，人往往能最大限度地发挥出创新能力。因此，创业者必须通过不断的创新来战胜各种挑战，为成功奠定坚实的基础。在内外环境变化越来越频繁的背景下，为了生存和发展，许多企业必须进行创新与变革。

思 考 题

6-1 你是否有创新的想法？请根据你的想法完成一份专利申请的技术交底书。

6-2 请针对当年某个科技竞赛的主题，编制一个设计说明书或者完成一份参加科技竞赛的申请文件。

6-3 请对最近一届"互联网+"大赛的冠军作品做一个客观的评述。

6-4 你是否有创业的打算？请完成一份创业计划书。

6-5 结合当前的创新创业环境，你对大学生创业有什么看法？

参 考 文 献

[1] 王亮申，孙峰华．TRIZ 创新理论与应用原理［M］．北京：科学出版社，2010.

[2] 赵敏，史晓凌，段海波．TRIZ 入门及实践［M］．北京：科学出版社，2009.

[3] 高志，黄纯颖．机械创新设计［M］．2 版．北京：高等教育出版社，2010.

[4] 张美麟，张有忱，张莉彦．机械创新设计［M］．2 版．北京：化学工业出版社，2010.

[5] 曹凤红．机械创新设计与实践［M］．重庆：重庆大学出版社，2017.

[6] 王毅，程强．机械设计基础［M］．北京：电子工业出版社，2015.

[7] 孙桓，葛文杰．机械原理［M］．9 版．北京：高等教育出版社，2021.

[8] 王凤兰．创新思维与机构创新设计［M］．北京：清华大学出版社，2018.

[9] 潘承怡，姜金刚．TRIZ 实战：机械创新设计方法及实例［M］．北京：化学工业出版社，2019.

[10] 张有忱，张莉彦．机械创新设计［M］．2 版．北京：清华大学出版社，2018.

[11] 张丽杰，冯仁余．机械创新设计及图例［M］．北京：化学工业出版社，2018.

[12] 于惠力，冯新敏．机械创新设计与实例［M］．北京：机械工业出版社，2017.

[13] 符炜．机械创新设计构思方法［M］．长沙：湖南科学技术出版社，2006.

[14] 高进．工程技能训练和创新制作实践［M］．北京：清华大学出版社，2012.

[15] 卢耀祖，郑惠强．机械结构设计［M］．上海：同济大学出版社，2004.

[16] 丁晓红．机械装备结构设计［M］．上海：上海科学技术出版社，2018.

[17] 潘承怡，向敬忠．机械结构设计技巧与禁忌［M］．2 版．北京：化学工业出版社，2020.

[18] 黎恢来．产品结构设计实例教程：入门、提高、精通、求职［M］．北京：电子工业出版社，2013.

[19] 濮良贵，陈国定，吴立言．机械设计［M］.10 版．北京：高等教育出版社，2019.

[20] 李瑞琴．机电一体化系统创新设计［M］．北京：科学出版社，2005.

[21] 吴建平．传感器原理及应用［M］．北京：机械工业出版社，2008.

[22] 宋文绪，杨帆．传感器与检测技术［M］．2 版．北京：高等教育出版社，2009.

[23] 沃尔弗拉姆·多纳特，哈伊姆·克劳斯．Python 树莓派编程［M］．韩德强，等译．北京：机械工业出版社，2016.

[24] 贾民平，张洪亭．测试技术［M］．3 版．北京：高等教育出版社，2016.

[25] 柳洪义，罗忠，王菲．现代机械工程自动控制［M］．北京：科学出版社，2008.

[26] 钟约先，林亨．机械系统计算机控制［M］．2 版．北京：清华大学出版社，2008.

[27] 杨家军．机械系统创新设计［M］．武汉：华中科技大学出版社，2000.

[28] 曲凌．慧鱼创意机器人设计与实践教程［M］．上海：上海交通大学出版社，2015.

[29] 李助军，阮彩霞．机械创新设计与知识产权运用［M］．广州：华南理工大学出版社，2015.

[30] 陈长生，周纯江．机械创新设计实训教程［M］．北京：机械工业出版社，2017.

[31] 夏鲁青，徐小洲，张国庆，等．创业通识［M］．北京：教育科学出版社，2017.

[32] 邹慧君，颜鸿森．机械创新设计理论与方法［M］．2 版．北京：高等教育出版社，2018.

[33] 王军年，付铁军．汽车专业大学生科技创新暨全国大赛指南［M］．北京：北京理工大学出版社，2015.

[34] 北京中教仪人工智能科技有限公司．ROBO PRO 软件中文手册［M/OL］．［2022-7-18］．https：//www.cedutech.com/h-col-125.html.

[35] 胡礼祥．大学生创业导论［M］．杭州：浙江人民出版社，2010.

[36] 杨晓梅，张蕴启，徐艺，等．大学生创新创业概论［M］．北京：冶金工业出版社，2019.

冶金工业出版社部分图书推荐

书　名	作　者	定价（元）
机械制造基础	赵时璐	45.00
大学生创新创业概论	杨晓梅	48.00
机械原理与机械设计实验教程	魏春雨	12.00
机械制图	孙如军	49.00
智能控制理论与应用	李鸿儒	69.90
带式输送机通廊设计	杨九龙	39.00
工程机械用高性能耐磨钢板和钢带	中国钢铁工业协会	58.00
机械设计课程设计	吴洁	49.00
机械设计学习指导	李威	35.00
机械制造基础	张平宽	49.00
机械与电气安全	吕建国	45.00
Photoshop CS6 平面设计案例教程	张灵	52.00
AutoCAD 工程实训	李科	49.90
智造创想与应用开发研究	廖晓玲	35.00
自动控制原理及应用项目式教程	汪勤	39.80
大学生创新创业理论与实践	陈盛兴	69.00
基于"互联网+"视角下的大学生创新创业教育	陈审声	69.00
创新创业教育研究	吴海江	59.00
大学生创新创业概论	杨晓梅	48.00
机电工程控制基础	吴炳胜	39.00
微机电系统概论	邱丽芳	31.00
机电安全工程	刘双跃	39.00
工业自动化生产线实训教程（第2版）	李擎	39.00
轧制检测与自动化控制技术	张海波	58.00
现代焊接与连接技术	赵兴科	32.00
液压传动	孟延军	25.00
机械制造工艺及专用夹具设计指导（第2版）	孙丽媛	30.00
真空镀膜技术与设备（第2版）	张以忱	39.00
机器人技术基础（第2版）	宋伟刚	35.00
传感器与测试技术	杨运强	39.00
测量程序设计	宫雨生	49.00
可编程序控制器原理及应用系统设计技术（第3版）	宋德玉	36.00
可编程序控制器及常用控制电器（第2版）	何友华	30.00
型钢孔型设计与螺纹钢生产	宫娜	30.00
型钢孔型设计	胡彬	66.00
电液比例与伺服控制	杨征瑞	36.00